AF561756

Wolfgang Pauli (1900–1958) wurde als 20-Jähriger mit einer umfassenden Darstellung der neuen Relativitätstheorie berühmt. Rasch war er Gesprächspartner der bedeutendsten Physiker, befreundet mit Bohr, Heisenberg, Delbrück, bewundert und gefürchtet wegen seiner schneidenden Intelligenz.

Als Pauli, nach epochalen Entdeckungen zur Kernphysik, 1945 den Nobelpreis erhielt, hätte ihn Einstein gern als seinen Nachfolger in Princeton gesehen. Aber Pauli fühlte sich der europäischen Entwicklung des Wissens verbunden und kehrte in die Schweiz zurück.

In Zürich hatte sich der 30-jährige ETH-Professor in einer Lebenskrise an den Psychoanalytiker C. G. Jung gewandt. Die beiden Gelehrten führten jahrzehntelang einen Austausch über die Nachtseite der Wissenschaft, über Emotionalität in der Theoriebildung und die Bedeutung innerer Bilder. Paulis Protokolle eigener Nachtträume, die ihm wissenschaftliche Erkenntnisse erschlossen, wurden erst später bekannt.

Ein Forscher, der die Atomphysik entscheidend erweiterte und zugleich eigensinnig verschüttete Denktraditionen rekonstruierte. Pauli ging es um ein altes, verdrängtes Weltwissen, das er im ganzheitlichen Denken von Astronomen, Alchemisten oder im Bilderdenken des I Ging aufspürte.

Ernst Peter Fischer – mehrfach ausgezeichnet für seine Vermittlung wissenschaftlicher Themen – erzählt fesselnd, faktenreich und anekdotisch die Geschichte einer Begegnung von Physik und Psychologie. Ein inspirierendes Leseabenteuer an den Grenzen des Denkens.

Ernst Peter Fischer

Brücken zum Kosmos

Wolfgang Pauli – Denkstoffe und Nachtträume zwischen Kernphysik und Weltharmonie

Libelle

Für Margarete Tosch-Schütt,
die kein h brauchte, um sich zu wandeln

Inhalt

Es geht mir um die ganzheitlichen Beziehungen zwischen »Innen« und »Außen«, welche die heutige Naturwissenschaft nicht enthält (die aber die Alchemie vorausgeahnt hat und die sich auch in meiner Traumsymbolik nachweisen lässt)...
Ich bin ... an die Grenze des heute Erkennbaren gekommen und habe mich sogar der »Magie« genähert ...
Dabei bin ich mir darüber klar, dass hier die drohende Gefahr eines Rückfalls in primitivsten Aberglauben besteht ... und dass alles darauf ankommt, die positiven Resultate und Werte der ratio dabei festzuhalten.

Wolfgang Pauli, am 10. August 1954 (BtA, 145)[1]

Zur Einführung: Ein immer noch verkannter Denker

Als Wolfgang Pauli im Jahre 1945 den *Nobelpreis* für Physik zugesprochen bekam, veranstaltete das unter Wissenschaftlern als legendär geltende »Institute for Advanced Studies« im amerikanischen Princeton (New Jersey) ein Bankett zu seinen Ehren. An diesem Abend war auch das berühmteste Mitglied des Elite-Instituts zu Gast: Albert Einstein. Gegen Ende der Veranstaltung erhob sich der große alte Mann der Physik völlig unerwartet von seinem Platz, um etwas für ihn Außergewöhnliches zu tun: Einstein hielt spontan eine Tischrede. Bei dieser Gelegenheit bezeichnete er Wolfgang Pauli als seinen »geistigen Sohn«, und er hoffte, in ihm seinen Nachfolger am Institut in Princeton zu sehen bzw. gefunden zu haben.

Die zahlreichen anwesenden Fachleute applaudierten enthusiastisch. Ihrer Ansicht nach konnte sich nur Pauli als theoretischer Physiker mit Einstein messen und vergleichen lassen, trotz ihrer großen persönlichen Unterschiede. Viele äußerten sogar die Auffassung, dass Pauli bei philosophischen und allgemeinen wissenschaftlichen Themen eher noch höher als Einstein einzuschätzen sei. Die Gesellschaft war hoffnungsfroh und rechnete sich gute Chancen aus, dass Pauli Einsteins Hoffnung erfüllen und am Institut in Princeton bleiben würde, also dort, wo er die schlimmen Jahre des Zweiten Weltkriegs ohne jede Beteiligung an der »Kriegsphysik« hatte verbringen können.

Der eben geschilderte Tatbestand gibt in Zusammenhang mit Wolfgang Pauli ein erstes Rätsel auf, das sich durch einfache Fragen formulieren lässt:
Weshalb ruft der Name Pauli – bis heute – in Fachkreisen zwar höchste Bewunderung hervor, während er in der Öffentlichkeit bestenfalls Achselzucken auslöst, wenn er genannt wird? Warum weiß selbst das sich gebildet gebende Publikum mit seinem Namen nahezu nichts anzufangen, obwohl die Wissenschaftler, die Paulis physikalische und philosophische Schriften und einige Aspekte seiner Biographie kennen, sich nicht scheuen, ihn in einem Atemzug mit Newton und Einstein zu nennen?
Die spontane Antwort auf diese Fragen könnte lauten, dass es keine leicht verfügbare Quelle gibt, mit deren Hilfe es möglich wäre, Paulis zugleich tief greifenden und interdisziplinären Beitrag zum abendländischen Denken kennen zu lernen und seine Einsichten nachzuvollziehen. Erstaunlich genug: Selbst zum 100. Geburtstag des am 25. April 1900 geborenen Wolfgang Pauli gab es keine umfassende und angemessene Biographie des Genies, deren Darstellung die Weite und Qualität seines weit über die Grenzen der Physik hinausgehenden Denkens erfasst und allgemein zugänglich macht. Inzwischen hat zwar Paulis letzter Assistent, Charles P. Enz, eine ausführliche »wissenschaftliche Biographie« seines Lehrers verfasst, aber sie ist an den falschen Stellen zu ausführlich. Als Titel des 2002 in Oxford erschienenen englischsprachigen Buches – No Time to be Brief – wird ein Zitat von Pauli verwendet, mit dem er seine oftmals allzu langen Briefe entschuldigt: er habe zu wenig Zeit zum Nachdenken, um kurz zu schreiben. Der Autor der Biographie

hat sich zwar viel Zeit mit dem Schreiben gelassen, sein Text ist dabei aber nur unnötig lang geworden und vor allem mit physikalischen Details überfrachtet, von denen viele selbst für den Fachmann kaum von Interesse sein können. Problematisch an dem über 500 Seiten starken Werk ist auch die Tatsache, dass Paulis deutsche Texte nur in englischer Übersetzung vorliegen, was uns das Original erneut vorenthält und weiter vermissen lässt.

Eine wohlfeile und kommentierte Auswahl seiner wichtigsten allgemein verständlichen Texte ist zwar zweimal erschienen, doch in den Buchläden sind sie längst nicht mehr vorhanden. Die Verlage scheinen zwar bedingungslos bereit, immer wieder neue Biographien von Einstein oder mehrere Sammlungen alter Texte von Carl Friedrich von Weizsäcker auf den Markt zu bringen, aber bei Pauli beginnt das große Abwinken. Rowohlt hält Pauli nicht für würdig, in den »monographien« vertreten zu sein, in denen man sich selbst über Alexander Mitscherlich oder Anna Freud informieren kann, um nur zwei neuere Beispiele zu nennen.

Man hält es nicht für möglich: Einsteins geistiger Sohn Pauli ist der einzige unter den großen Physikern des 20. Jahrhunderts, dessen Lebenslauf so gut wie unbeschrieben bleibt, während Niels Bohr, Albert Einstein, Werner Heisenberg, Max Planck, Erwin Schrödinger und andere längst ihre Biographen gefunden haben.[2] Natürlich haben die Historiker »ihren Pauli« nicht vergessen. 1983 wurde zum Beispiel in Wien – aus Anlass des 25. Todestages von Pauli – eine Gedenktagung veranstaltet, in deren Folge auch ein Band mit Texten von und über Pauli unter dem zugleich angemessenen und eleganten Titel »Das Gewissen der Physik« erschienen ist.

»Das Gewissen der Physik« ist einer der Ehrentitel, die

Pauli von seinen Kollegen verliehen wurden, die ihn auch als »Geißel Gottes« titulierten oder schlicht als den »fürchterlichen Pauli«. All diese Bezeichnungen weisen auf die herausragenden Qualitäten von Pauli als Kritiker der Physik hin. Er war mit der unerbittlichen Schärfe seines Verstandes schneller als viele andere in der Lage, die Fehler aufzuspüren, die in zahlreichen physikalischen Theorien bzw. in den Annahmen steckten, die zu ihnen führten. Der Band »Das Gewissen der Physik« arbeitet diesen Charakterzug, der nicht nur den betroffenen Physikern, sondern auch Pauli selbst Kummer bereitet hat, überzeugend heraus, aber trotzdem bietet er mehr eine Quelle für Physiker und Wissenschaftshistoriker und weniger eine Einführung für Außenstehende, die mit Paulis Gedanken vertraut werden und die Besonderheit seines Weltbildes einsehen wollen.

Die mangelhafte Pauli-Biographik stellt nicht nur einen für unsere Kultur blamablen Tatbestand dar, die dazugehörige Lücke gibt unmittelbar ein zweites Rätsel auf, das sich durch die Frage formulieren lässt: woran denn die biographischen Versuche gescheitert sein könnten, die doch ohne Frage angestellt worden sein müssen. Im Folgenden wird versucht, auf knappem Raum eine erste Antwort zu geben. Dies geschieht in Form einer wenigstens impressionistischen Einführung in die Gedankenwelt des ebenso umfassend wie detailliert mit der europäischen Kultur vertrauten und sich zu ihr bekennenden Physikers, der wie kein zweiter die Grenzen des Erkennbaren erkundet und sich an sie herangewagt hat. »Impressionistisch« heißt dabei, dass der Rahmen dieses Buches vor allem mit zahlreichen Ideen von Pauli in seiner eigenen Sprache – also in Form von Zitaten[3] – ausgefüllt wird. Die hier vorgelegte Skizze versucht darüber hinaus deutlich zu machen, an welchen Stellen Pauli die traditionellen Wissenschaftshistoriker bzw. Wissenschaftsphilosophen überfordert und ein radikales Umdenken verlangt, das nötig zwar wäre, deshalb aber noch lange nicht vollzogen wird. Dies betrifft unter anderem die ethischen Fragen, von denen sich die Wissenschaft heute so bedrängt sieht und die Pauli spätestens seit den Fünfzigerjahren klar vorhergesehen hat. Es betrifft aber auch Paulis Art, die psychologischen Voraussetzungen[4] wissenschaftlicher Arbeit zu erkunden und dabei den traditionellen Interpretationen ihrer Methoden abweisend gegenüberzustehen.

Tag- und Nachtseiten

Wer es kurz und pointiert ausdrücken möchte, kann sagen, dass Pauli nicht nur auf die Tagseite der Wissenschaft mit ihrer rationalen Mathematik geschaut, sondern sich auch um ihre Nachtseite bemüht hat, die nicht im Licht des Bewusstseins erscheinen kann. Pauli hatte den Mut, sich dem Unbewussten zu stellen und nach der Bedeutung des Irrationalen zu fragen. Für ihn gab es nur einen schmalen Weg, den die Menschen zur befreienden Wahrheit gehen konnten, und der führte mitten hindurch »zwischen der Scylla eines blauen Dunstes von Mystik und der Charybdis eines sterilen Rationalismus«, wie er 1954 in einem Brief an einen seiner Schüler, den Physiker Viktor Weisskopf, geschrieben hat (WB IV-II, 466). Paulis Einsicht bestand darin, dass »dieser Weg … immer voller Fallen sein [wird] und man nach beiden Seiten ab-

stürzen« kann, also auch in Richtung der technisch so erfolgreichen Rationalität, wie von vielen immer noch geleugnet wird, obwohl die moderne Welt zur Zeit möglicherweise eben dieses Abgleiten erleidet. Könnte es nicht sein, dass diese gefährliche Situation sich gerade deshalb zuspitzt, weil unsere Gesellschaft zu einseitig vorgeht und verlernt hat, wie die Balance zu halten ist, die jede Gratwanderung erfordert?
Es scheint, dass die Fachleute und die Öffentlichkeit deshalb wenig von Pauli wissen, weil beiden der geistige Mut fehlt, der ihn auszeichnete. Aus diesem Grund vor allem blieb seine Biographie bislang ungeschrieben. Wir spüren zwar längst, dass die alten Wege der Wissenschaft nicht mehr weiterführen, wir sind aber immer noch zu ängstlich, den von Pauli vorgeschlagenen Weg als Alternative ins Auge zu fassen und schließlich auch zu gehen. Dieses Buch will dazu auffordern.

Erhellende Anekdoten

Wer sich mit seiner Biographie beschäftigt, wird zahlreiche Anekdoten hören und lesen, die über ihn in Umlauf sind oder die er selbst in Umlauf gebracht hat. Sie erfassen viele alltägliche Tollpatschigkeiten – so wird zum Beispiel berichtet, dass er einem seiner Mitarbeiter einen Korkenzieher mit der Bitte gereicht hat, eine Sektflasche zu öffnen –, aber auch seine ebenso zahlreichen theoretischen Überheblichkeiten. Das reicht bis in die Kultur des Witzes: Man erzählt sich zum Beispiel, dass Pauli nach seinem Tod im Himmel ankommt und sofort verlangt, den lieben Gott zu sprechen. Der HErr erscheint und fragt, was Pauli will. »Ich will wissen«, antwortet der Gefragte, »warum nicht alle Gesetze der Physik spiegelsymmetrisch sind. Warum können nicht alle Vorgänge der Natur gespiegelt werden und dabei realisierbare Abläufe bleiben? Hier, ich gebe Dir Kreide, da hast Du eine Tafel, jetzt zeig mir den Grund, ich will ihn wissen.«

Der HErr schaut sich etwas verlegen um, nimmt dann aber die Kreide in seine Hände und beginnt vorsichtig, einige mathematische Formeln auf die Tafel zu schreiben und in Beziehung zu setzen. »Ach, lass das, das ist doch Unsinn«, ruft Pauli, um mit einer wegwerfenden Handbewegung hinzuzufügen: »So geht das nicht, damit kommst Du nicht weiter, das habe ich doch alles selbst schon probiert.«

Im Folgenden stellen wir jedem Kapitel eine solche Anekdote voran; die zuverlässigste Quelle dafür ist das oben erwähnte »Gewissen der Physik«. Er war darüber hinaus aber ein Wunderkind, wobei ihm diese Charakterisierung im späteren Leben nur eine sarkastische Bemerkung wert war: »Ja, das Wunderkind – das Wunder vergeht und das Kind bleibt ...«.

Bei Pauli ist allerdings mehr das Wunder geblieben, das wir allmählich zur Kenntnis nehmen sollten.

Pauli liebte Wortspiele, vor allem wenn sie sarkastisch sein konnten. Eines Tages arbeitete bei ihm ein junger Physiker, der oftmals Gemütsschwankungen unterworfen war. Der Kollege war mit einer Schweizerin verheiratet, die Verena mit Vornamen hieß und, wie in der Schweiz üblich, mit dem Kosenamen »Vreneli« gerufen wurde. Als Pauli die beiden zusammen bei einem Spaziergang traf, begrüßte er sie mit den Worten: »Da kommt er ja, der Neurosenkavalier mit seiner Schizovreneli.«

Sarkastisch war Pauli selbst auf Englisch. Nach einem mit vielen rhetorischen Tricks aufgeblähten Seminarvortrag drückte Pauli seine Ansicht über das Gehörte so aus: »These remarks were like fireworks – very noisy, but not illuminating.«

Die zweigeteilte Biographie[5]

Im Herbst 1927 lebte und arbeitete Wolfgang Pauli in Hamburg. Während dieser Zeit bot sich ihm die Möglichkeit, ordentlicher Professor für Theoretische Physik in der Schweiz zu werden. Er bekam einen Ruf der besonders durch Einsteins Aufenthalt bekannt und berühmt gewordenen Eidgenössischen Technischen Hochschule (ETH) in Zürich. In diesem Zusammenhang wurde der noch jugendliche Wissenschaftler gebeten, einen kurzen Lebenslauf zu verfassen, und die von ihm eigens zu diesem Zweck angefertigte handschriftliche autobiographische Skizze beginnt mit folgenden Sätzen (EM, 41):

»Ich bin am 25. April 1900 in Wien als Sohn des Universitätsprofessors und Arztes Dr. Wolfgang Pauli geboren. Nachdem ich dort 1918 das humanistische Gymnasium absolviert hatte, studierte ich 6 Semester an der Universität München. Hier war mein Lehrer in theoretischer Physik Professor A[rnold] Sommerfeld, und die Anregungen, die ich von ihm und seinem Schülerkreis ... empfing, waren für meine wissenschaftliche Ausbildung entscheidend. Zunächst war ich mit Fragen der Relativitätstheorie beschäftigt, worüber ich einige kleinere Noten publizierte, vor allem aber im Auftrag Sommerfelds einen zusammenfassenden Artikel für die mathematische Encyklopädie verfasste. Bald wandte ich mich aber Fragen der Quanten- und Atomphysik zu, welches Gebiet bis heute mein Arbeitsfeld geblieben ist. Es entstanden damals zwei Arbeiten, die speziell sich mit Fragen des

Atommagnetismus beschäftigten. Im Juni 1921 promovierte ich in München mit einer Dissertation, die ein spezielles Molekülmodell zum Gegenstand hatte, das beim heutigen Stand der Physik allerdings als überholt gelten muss.«

Nach Hinweisen auf seine nachfolgenden Assistentenjahre bei Max Born in Göttingen (1921) und Wilhelm Lenz in Hamburg (1922) kommt Pauli auf das Jahr 1923 zu sprechen, das er bei Niels Bohr in Kopenhagen verbracht und das ihn wesentlich geprägt hat:[6]

»Hier hatte ich Gelegenheit, die besonderen wissenschaftlichen Methoden dieses berühmten Forschers kennen zu lernen und ihm zu meiner besonderen Freude auch persönlich näher treten zu können. [...] Anfang 1924 habilitierte ich mich mit einer Arbeit, die eine Verallgemeinerung der von Einstein in die Quantentheorie der Strahlung eingeführten statistischen Gesetze enthielt. Ende des Jahres 1924 verfasste ich eine Arbeit, die unter anderem einen allgemeinen, den Atombau betreffenden Satz enthielt, der sich als für die Entwirrung komplizierter Spektren sehr fruchtbar erwiesen hat und seither in der Literatur vielfach zitiert wird.«

Die erwähnten »besonderen wissenschaftlichen Methoden« von Bohr werden später noch zur Sprache kommen, wenn die Innenwelt der Physiker erkundet wird, die Pauli wie keinen zweiten beschäftigt hat. Hier geht es vor allem um die markanten Lebensstationen, und eine von ihnen wird durch die wissenschaftliche Arbeit über Atome markiert, von der Pauli am Ende seiner Selbstdarstellung spricht. Sie wird ihm im Jahre 1945 den Nobelpreis für Physik eintragen und seinen Namen fest in der Geschichte dieser Wissenschaft verankern. Mit dem erwähnten »Satz« wird das im atomaren Bereich universell gültige

Pauli-Prinzip bzw. Pauli-Verbot eingeführt, das manchmal auch Ausschließungsprinzip heißt und so etwas wie Verhaltensregeln für Elektronen aufstellt. Diesen Mitgestaltern der Atome wird – in aller Kürze – nicht gestattet, gleich zu sein bzw. das Gleiche zu tun. Einem Elektron wird durch Pauli verboten, sich wie seine Nachbarn zu bewegen. Es muss anders sein und sich individuell verhalten.

Erfolg und Akzeptanz des Pauli-Verbots erklären sich durch die Tatsache, dass mit seiner Hilfe zum Beispiel grundlegende Qualitäten von Atomen erklärt werden können, zum Beispiel die beiden Eigenschaften, ausgedehnt zu sein und chemische Bindungen eingehen zu können.

Paulis berühmte und bahnbrechende Arbeit ist als Beitrag der *Zeitschrift für Physik* (Bd. 31, S. 765–783) im Frühjahr 1925 erschienen, und sie markiert so etwas wie den Umschlagpunkt, an dem das stolze Gebäude der klassischen Physik endgültig zu kippen und einzufallen beginnt. Paulis Einsicht befördert den Umsturz im wissenschaftlichen Weltbild, in dessen Verlauf die seit den Tagen von Galilei und Newton eingeleitete Mechanik mit ihren anschaulichen Darstellungen und eingängigen Modellen überwunden und durch eine schockierende und ungewöhnliche neue Form – die Quantenmechanik – ersetzt wird.

Die mit deren Entstehung verbundene Auflösung der alten Gewissheit begann gerade im Jahr von Wolfgang Paulis Geburt (s. u. S. 33), und sie fand ihren ersten (und nur vorläufigen) Abschluss ungefähr in dem Jahr, in dem er den erwähnten Ruf der ETH annahm. Im Frühjahr 1928 trifft Pauli in Zürich ein, wo er – mit einigen kürzeren und längeren Unterbrechungen – die ihm noch gewährten dreißig Jahre bis zum Ende seines Lebens geblieben ist.

Das Wunderkind

Die ersten 27 oder 28 Jahre von Paulis Leben spielen sich vor dem Hintergrund einer gewaltigen wissenschaftlichen Revolution ab, deren Auswirkungen nicht überschätzt werden können – weder für das geistige noch für das alltägliche Leben. Es ist die Zeit von Einsteins größten wissenschaftlichen Leistungen. Die Theorie der Relativität und die Physik der Atome entstehen und leiten gemeinsam eine umfassende Neuorientierung im wissenschaftlichen Denken ein.

Es ist anzunehmen, dass sich die damit verbundene geistige Unruhe dem heranwachsenden Knaben mitgeteilt hat. Schließlich ist Pauli nicht nur in einem akademischen Umfeld aufgewachsen, sondern auch ohne allen Zweifel ein Wunderkind gewesen, das schon früh ungeheuer viel gelesen und bald etwas zu sagen hat. Der gerade einmal achtzehnjährige Pauli reicht bereits kurz nach der Reifeprüfung am Döblinger Gymnasium in Wien seine erste wissenschaftliche Arbeit zur Veröffentlichung ein. Er stellt einige Ideen »Über die Energiekomponenten des Gravitationsfeldes« vor, das Albert Einstein ein paar Jahre zuvor in die Physik eingeführt hat.

Einsteins Relativitätstheorien stellen eine der physikalischen Großtaten des 20. Jahrhunderts dar. Der Speziellen Relativitätstheorie aus dem Jahre 1905 konnte Einstein bis 1915 eine allgemeine Form geben, in der auch das Gravitationsfeld vorgestellt wurde, von dem oben in Paulis erster Arbeit die Rede war. Mit seiner Hilfe ließ sich das Wirken der Schwerkraft auf die Massen der Himmelskörper und deren Einfluss auf die Struktur von Raum und Zeit erfassen. Das mathematische Handwerkszeug, das Einstein für die Ausarbeitung seiner Allgemeinen Relativitätstheorie benötigte, stellte sich dabei als so kompliziert dar, dass sich unter zeitgenössischen Physikern ein seltsames Gerücht verbreitete. Es wurde tatsächlich gemunkelt, dass sich die Wissenschaftler, die Einsteins Theorie verstehen oder nachvollziehen können, an den Fingern einer Hand abzählen lassen. Manchmal hieß es sogar, dass es nur zwei Physiker gäbe, die mit der Allgemeinen Relativitätstheorie zurechtkämen, und zwar Einstein selbst und der Brite Sir Arthur Eddington. Er konnte im Jahre 1919 die entscheidenden experimentellen Befunde vorlegen, mit denen nachgewiesen wurde, dass Einsteins Darstellung den Kosmos korrekter und genauer beschreibt als Newtons klassische Theorie der Gravitation.

Vielleicht gab es wirklich nur zwei Professoren, die mit der neuen Kosmologie zurechtkamen, aber es gab trotzdem einen dritten, der sich auskannte, nämlich den achtzehnjährigen Schulabgänger Wolfgang Pauli, der damals noch ein »Junior« hinter seinem Namen führte. Pauli jun. gehörte also mit zu dem exklusivsten Klub der Physiker seiner Zeit, und er publizierte im Jahre 1919 gleich drei Arbeiten über die Einsteinsche Gravitationstheorie. Sie beeindruckten seinen Lehrer Arnold Sommerfeld dermaßen, dass der berühmte Münchener Ordinarius dem Teenager vorschlug, den Handbuchartikel über die Relativitätstheorie zu schreiben, um den die Redaktion der berühmten Encyklopädie der mathematischen Wissenschaften zunächst Sommerfeld selbst gebeten hatte. Pauli machte sich an die Arbeit, und sein weit über 200 Seiten langer Aufsatz über die Relativitätstheorie erschien im Jahre 1921. Welchen Eindruck dieses Frühwerk auf die Gemeinde der Physiker machte, lässt sich am besten dem Lob entnehmen, das Einstein höchstpersönlich ausgesprochen hat und das die umfassenden Qualitäten und Kenntnisse des jungen Autors erkennt und anerkennt, die weit über das Technische der Theorie hinausgehen und nicht nur die philosophische, sondern sogar die humanen Dimensionen mit einschließen. Einstein schreibt (EM, 123):

»Wer dieses reife und groß angelegte Werk studiert, möchte nicht glauben, dass der Verfasser ein Mann von einundzwanzig Jahren ist. Man weiß nicht, was man am meisten bewundern soll, das psychologische Verständnis für die Ideenentwicklung, die Sicherheit der mathematischen Deduktion, den tiefen physikalischen Blick, das Vermögen übersichtlicher systematischer Darstellung, die Literaturkenntnis, die sachliche Vollständigkeit, die Sicherheit der Kritik. [...] Paulis Bearbeitung sollte jeder zu Rate ziehen, der auf dem Gebiete der Relativität schöpferisch arbeitet, ebenso jeder, der sich in prinzipiellen Fragen authentisch orientieren will.«

Ernüchterndes zu Kant und Newton

Einsteins Relativitätstheorien bringen bekanntlich vor allem ein neues Verständnis für Raum und Zeit mit sich.

Doch so selbstverständlich dieser in vielen Lehrbüchern stehende und oft gehörte Satz klingt, so wenig ziehen seine Leser die dazugehörigen Konsequenzen. Denn wenn Einsteins Darstellung des Kosmos in Raum und Zeit zutrifft – und es gibt keinen experimentellen Befund, der gegen diese Annahme spricht –, dann müssen zwei große Figuren der europäischen Kulturgeschichte sich an dieser Stelle geirrt haben – und zwar gewaltig, wie es sich für Figuren ihres Kalibers gehört. Gemeint sind Isaac Newton und Immanuel Kant. Der englische Physiker hat die unhaltbare Vorstellung eines absoluten Raumes und einer absoluten Zeit in die Welt gesetzt, und der deutsche Philosoph hat die beiden physikalischen Größen zu Voraussetzungen des Erkennens überhaupt gemacht und ihnen apodiktische Gewissheit verliehen, die keine Beobachtung oder Erfahrung sollte beeinflussen können. Der junge Pauli, der sich an die Physik hält, muss von beiden Herren ernüchtert sein, und zwar vor allem von Kant. Seit diesen Tagen, so schreibt er häufig, »verstehe ich mich schlecht mit Kant«, der ihm wie ein preußischer Kanonier vorkommt, weil er »dogmatisch die Voraussetzungen der Wissenschaft seiner Zeit als angebliche Voraussetzungen der menschlichen Vernunft schlechtweg« fixiert (WB IV-1, 235). Und über Newton, den Kant noch – zum Nachteil seiner Erkenntnistheorie – bedingungslos verehrte und anerkannte, gießt Pauli gerne seinen Spott aus:

»Dass Newtons Gottheit sich in 24-stündigem Arbeitstag damit abmüht, die Zeit und dazu auch noch den absoluten Raum zu produzieren (für schlechten Lohn; ein paar schmeichlerische Lobsprüche und auch noch ein paar Flüche dazu), bloß um des zweifelhaften Vergnügens willen, allgegenwärtig sein zu können – nun, das ist nicht nur ein Anthropomorphismus, das ist einigermaßen grotesk! (wenn man nicht gerade soeben den absoluten Raum und die absolute Zeit in die Mechanik eingeführt hat)« (WB III, 483).

Anmerkungen zu Raum und Zeit

Noch viele Jahre später hat Pauli betont, dass auch Einsteins Theorie von Raum und Zeit nicht notwendig den Endpunkt allen geistigen Bemühens darstellt. Im Gegenteil: »Ich erwarte immer mehr eine weitere Revolutionierung der Grundbegriffe in der Physik, wobei mir besonders die Weise, wie das Raum-Zeit-Kontinuum in ihr heute eingeführt ist, in zunehmendem Maße unbefriedigend erscheint«, wie er 1947 schreibt (WB III, 435), also mit Kenntnis der neuen Quantentheorie, die es 1921 noch nicht gab, als er seinen Encyklopädie-Aufsatz verfasste. »Es ist natürlich genial, die Zeit nicht mehr zur Anordnung von Kausalreihen zu verwenden – wie einst im Mai –, sondern als Tummelplatz von Wahrscheinlichkeiten. Wenn man aber statt *genial* sagt *dumm-dreist*, ist es mindestens ebenso wahr. [...] Dieses Raum-Zeit-Kontinuum ist nun ein Nessushemd geworden, das wir nicht mehr ausziehen können.«

Hier werden spannende Möglichkeiten eines künftig denkbaren neuen Weltbilds angedeutet, doch leider hat sich Pauli als Physiker nur wenig um die Fragen gekümmert, die sich bezüglich Raum und Zeit stellen, nachdem Einsteins Relativitätstheorie vorlag. So großartig Paulis frühe, bis heute im Wesentlichen unverändert nachgedruckte und nach wie vor den Studenten der Physik zur Lektüre empfohlene Darstellung der Relativitätstheorie erscheint, so seltsam wirkt die Tatsache, dass Pauli danach erstaunlich wenig Beiträge zu dem Feld geliefert hat, das Einstein für die Wissenschaft bereiten konnte. Vielleicht hat sich Pauli in jungen Jahren durch die von seinem geistigen Vater gerühmte »Vollständigkeit« der präsentierten Relativitätstheorie täuschen lassen und als Hinweis darauf erkannt, dass auf diesem Gebiet mit Einsteins Vorgabe auch ein gewisser Abschluss erreicht sei und die eigentlich kreativen Leistungen der Physik an anderer Stelle benötigt würden.

Kritik am Feldbegriff

Tatsächlich richtete sich Paulis Interesse bald immer weniger auf die riesige Dimension des Kosmos, die Einstein gelockt hatte. Ihn reizte stattdessen vermehrt der Blick in die umgekehrte Richtung, und er versuchte, die winzigen Welten im Inneren der Dinge – also die Atome – zu erkunden. Hier hatte der Abiturient sogar eine nachhaltige Idee, die seine zugleich physikalische und philosophische Begabung zeigt. Pauli war nämlich aufgefallen, dass traditionelle Konzepte der Physik ihren Sinn verlieren, wenn sie aus ihrer gewohnten Umgebung mit gewohnten Ausmaßen entfernt und in unbekannte Territorien übertragen werden. Konkret meinte er den Begriff des elektrischen Feldes, von dem alle Physiker (und Laien) ganz selbstverständlich sprechen, ohne sich klarzumachen, dass solch ein Feld nur definiert werden kann, wenn es ein Verfahren zu seiner Messung gibt. Gewöhnlich verwendet man dazu eine Probeladung, die in ein elektrisches Feld gehalten wird und dessen Auswirkungen anzeigt. Nun besteht aber – darauf machte Pauli jun. im Jahr 1919 aufmerksam – eine Probeladung wie jeder materielle Körper aus Atomen. Dann kann es aber im Inneren eines Atoms keine Probeladung geben; damit verliert der Begriff des elektrischen Feldes hier seinen Sinn. Es muss also eine vergebliche Liebesmühe sein, die Welt durch eine einheitliche Feldtheorie zu beschreiben, wie es Einstein im Anschluss an seine Relativitätstheorien versucht hat. Zwar war Einstein mit dem Raum-Zeit-Kontinuum weit gekommen, aber danach hielt er nur noch eine »ausgequetschte Zitrone« in der Hand, wie Pauli meinte, die logisch zuließ, was philosophisch Unsinn sein musste, nämlich ein physikalisches Feld, das überall definiert war und hinreichte – eben auch bis in die Atome. Dabei ärgerte Pauli, dass Einstein nie einsehen wollte, was doch so offensichtlich zu sein schien.

Das alte und das neue Testament der Physiker

Als Pauli an dem legendären langen Aufsatz über die Relativität schrieb, fertigte er – fast möchte man sagen: nebenbei – seine Doktorarbeit an, in der er etwas »Über das Modell des Wasserstoffmolekülions« herausfinden wollte, das sein Lehrer Sommerfeld entworfen und gemeinsam mit dem großen Bohr aus Kopenhagen weiter analysiert hatte. Das kompliziert klingende Wort »Wasserstoffmolekülion« meint dabei etwas sehr Einfaches: ein

Gebilde aus zwei Wasserstoffatomen, dem ein Elektron abhanden gekommen ist, sodass noch ein Elektron um zwei Kerne kreist. Pauli konnte zu seiner Berechnung Bohrs Behandlung eines Wasserstoffatoms von 1912 als Vorbild nehmen, bei dem ein Elektron um einen Kern kreist, was die Bahnen runder und damit rechnerisch einfacher zu handhaben macht. Bohrs Modell des Wasserstoffs wurde später von Sommerfeld mathematisch raffinierter gestaltet und verfeinert, wobei die beiden Physiker stets anschauliche Modelle vor Augen hatten und ohne weiteres alltägliche Begriffe (Umlaufbahn, Teilchen, Kern) zu ihrer Beschreibung benutzten.

Paulis Doktorarbeit stellt wahrscheinlich den ehrgeizigsten Versuch dar, die von Bohr und Sommerfeld vorgeschlagene Form der Atomtheorie auf ein konkretes physikalisches Problem anzuwenden, und es ist erst im Rückblick möglich, die Vergeblichkeit dieses Bemühens einzusehen. Pauli selbst weist in der zitierten Skizze seines Lebens bis 1927 auf diese Tatsache hin. Was unter der Führung von Bohr und Sommerfeld bis 1924 als Basis der Atomphysik gehandelt wurde, wird von Historikern heute als »alte Quantentheorie« bezeichnet – und von Pauli als das »alte Testament« eingestuft. Die neue Theorie – somit das »neue Testament« der Quantenmechanik – ist erst in einem Schaffensrausch zwischen 1925 und 1927 entstanden. Die dabei zutage tretende Form der Theorie weicht so unglaublich weit von den ursprünglichen Entwürfen ab, dass es nicht zu hoch gegriffen scheint, hierbei von einer umfassenden wissenschaftlichen Revolution zu sprechen, die etwas vollständig Neues gebracht hat. Sie wird uns in diesem Buch beschäftigen, weil sie Pauli sein Leben lang beschäftigt hat, und zwar nicht nur als physikalische Theorie, sondern auch als gedankliche

Leistung von Menschen, deren eigentliche (innere) Quellen es zu erkunden gilt. Wie und auf welchen Wegen haben Physiker die Quantenformeln finden können, die keinerlei direkten Bezug auf konkret sichtbare Wirklichkeiten haben?

Allerdings – wie immer bei Pauli muss man auf Überraschungen und paradoxe Tendenzen gefasst sein, wenn sein Denken in Bewegung kommt. Sobald der heute so populäre (und hoffentlich bald verbrauchte) Begriff des Neuen auftaucht, gilt es besonders wachsam zu sein. Denn nach seiner Meinung war »das noch Ältere ... immer das Neue« (WB IV-1, 400), und es könnte sich erweisen, dass die Quantenmechanik in konzeptioneller Hinsicht nur ein besonders langer Umweg zu dem ist, was die griechischen Klassiker wie Heraklit oder Aristoteles schon viel früher gesehen und in Worte gefasst haben. Dies wirft nicht nur erneut die Frage nach den Quellen des Wissens auf, sondern deutet auch an, dass es etwas geben muss, das sowohl Heraklit als auch Einstein, das sowohl Aristoteles als auch Pauli, das möglicherweise allen Menschen zu allen Zeiten zugänglich sein muss. Pauli hat nach diesem Gemeinsamen gesucht, und er ist fündig geworden.

Ein Langschläfer und ein Frühaufsteher

Mit zu den Hauptverantwortlichen für den mit der Quantentheorie verbundenen gewaltigen geistigen Umbruch gehören – neben Niels Bohr und Albert Einstein – vor allem Werner Heisenberg und Erwin Schrödinger. Im Zusammenhang mit Pauli spielt besonders der 1901 in Würzburg geborene Heisenberg eine überragende Rolle, der also mehr als ein Jahr jünger war als Pauli. Die beiden haben sich während des Studiums bei Sommerfeld in München kennen gelernt, sie dienten später nacheinander als Assistenten bei Max Born in Göttingen; und sie bildeten zusammen mit Bohr das dominierende Trio, das maßgeblich die Entstehung der Quantentheorie bestimmt und dafür gesorgt hat, dass hiermit nicht nur das durchschlagende wissenschaftliche Ereignis des 20. Jahrhunderts stattfinden, sondern auch dessen weitestreichende philosophische Erkenntnis markiert werden konnte. Dabei war es vor allem Pauli, der dies früher als die anderen erkannte und später in seinem ganzen Umfang und so tief wie möglich zu verstehen versuchte.

Betrachten wir noch einen Abschnitt lang das Paar Pauli-Heisenberg, das für Physik-Studenten und -Historiker zusammengehört, gerade weil beide die genannten Gemeinsamkeiten erlebt und gleichzeitig große Erfolge erzielt haben, an entscheidender Stelle der Wissenschaftsgeschichte. Der nahe liegende Schluss, dass sich hierbei und als Folge davon eine besondere enge Freundschaft entwickelt habe, geht allerdings in die Irre. Wer von Pauli und Heisenberg spricht, muss eher von einem seltsam distanzierten Verhältnis sprechen. So hat Pauli in seinen Briefen nur die Anrede »Lieber Heisenberg« benutzt, obwohl ihm Vornamen nicht fremd waren – der Biologe Max Delbrück etwa wird als »Lieber Max« angesprochen, und selbst bei Paulis sprödem österreichischem Landsmann Schrödinger taucht wenigstens ab und zu die Begrüßung »Lieber Erwin« auf.

Und es fällt noch mehr auf: Während Pauli sonst seine Briefseiten gerne mit philosophischen oder persönlichen

Betrachtungen füllt, hält er sich damit bei Heisenberg stark zurück. Pauli vermeidet es »quantitativ und systematisch, mit Heisenberg irgend etwas anderes als Physik zu reden«, wie er nach dem Zweiten Weltkrieg schreibt (WB-III, 545). Und wenn er dies tut, geht er bis zum Ende sarkastisch und grob vor. Pauli scheint es zu genießen, in Heisenbergs brieflich mitgeteilten physikalischen Ableitungen immer wieder Fehler zu entdecken, um dem Autor mitzuteilen, dass sich im »die Haare sträubten«, dass ihm vieles »als dichterische Phantasie« erschiene (WB-III, 509) und dass »der über physikalische Wirklichkeiten flüchtig hinwegschwebende Stil ... großes Befremden erregt« (WB IV-1, 45). Heisenbergs große Pläne für eine Theorie der Elementarteilchen, die eine »Weltformel« liefern sollen, werden von Pauli in einem Brief an den russischen Physiker Georg Gamow mit einer Zeichnung

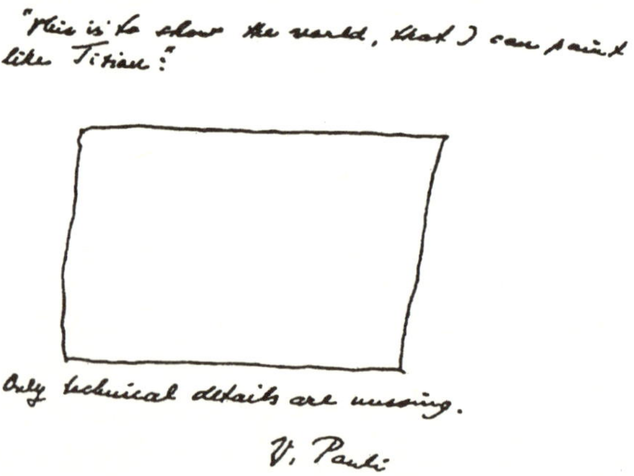

Paulis Kommentar zu der Ankündigung von Heisenberg, die Grundlagen für eine »Weltformel« gefunden zu haben. (»Damit soll der Welt bewiesen werden, dass ich malen kann wie Tizian«: Nur die Details fehlen noch.)

kommentiert, auf der ein leeres Rechteck zu sehen ist, das einen Bilderrahmen darstellen soll.
Darunter hat Pauli in englischen Worten geschrieben: »This is to show the world, that I can paint like Tizian. Only technical details are missing.« Also etwa: »Damit soll der Welt bewiesen werden, dass ich malen kann wie Tizian. Nur die Details fehlen noch« (WB IV-1, 12).
Die Abneigung der beiden wissenschaftlichen Genies kann hier nicht im Detail analysiert werden. Sie könnte ihren Ausgangspunkt in den völlig unterschiedlichen Tagesrhythmen der beiden Studenten und ihren ebenso unterschiedlichen bevorzugten Standorten außerhalb der Universität haben. Während Heisenberg gerne in die Berge ging und ein naturverbundener Frühaufsteher war, verbrachte Pauli viel Zeit in Kneipen, und er schlief gerne bis gegen Mittag. Seine bevorzugte Lebens- und Arbeitszeit scheinen die nächtlichen Stunden gewesen zu sein, die er oft nicht zu Hause verbrachte. Während seiner »frohen Tage in Hamburg« (um 1927) ist er zum Beispiel mit dem Mathematiker Erich Hecke nach späten wissenschaftlichen Erörterungen »bei Musik und Moselwein« noch »bis zum Sonnenaufgang« spazieren gegangen, und im Morgengrauen hat sich das Gespräch sogar »der religiösen Sphäre« genähert, wie er Frau Hecke nach dem Tod ihres Mannes beichtet (WB-III, 422).

Der Quantensprung

Während Heisenberg völlig die Physik zu vergessen schien, wenn er mit seinen Kameraden aus der Jugendbewegung in den bayerischen Bergen unterwegs war, kam Pauli gerade nachts nicht von der faszinierenden Tiefe der neuen Quantentheorie los, deren nicht nur physikalische, sondern auch philosophische und politische Folgen es nach wie vor auszuloten gilt. Die grundlegende Idee ist im Jahre 1900 (Paulis Geburtsjahr) aufgetaucht, und zwar in dem Kopf von Max Planck, der in Berlin über das Licht nachdachte, das ein immer heißer werdender und schließlich zum Glühen gebrachter Körper aussendet. Planck konnte die wechselnden Farben und die steigende Temperatur nur dann korrekt erklären, wenn er dem Licht – gegen die herrschende Grundüberzeugung – erlaubte, nicht kontinuierlich, sondern sprunghaft seine Energie zu ändern. Planck entdeckt eine fundamentale Unstetigkeit in der physikalischen Natur, die er als Quantum der Wirkung näher einführte und mit dem Buchstaben h bezeichnete.[7]

Dieses Quantum hat in unseren Jahren als »Quantensprung« Eingang in den allgemeinen Sprachgebrauch gefunden, wobei dies leider in unsinniger Weise geschieht. Bei einem Quantensprung in der Physik unternimmt ein Atom den kleinsten Schritt, der ihm von Natur aus möglich ist, und es bewegt sich dabei vor allem in eine Ruheposition. Wenn Firmen von Quantensprüngen reden, meinen sie so ziemlich das Gegenteil. Dieses neuere Missverständnis soll allein deshalb nicht weiter ausgeführt werden, weil das Wort »Quantentheorie« zwar suggeriert, dass die zentrale Neuerung dieser physikalischen Erklärung der Welt in der Annahme von diskreten Sprüngen besteht, während die tiefe Besonderheit durch etwas völlig anderes zustande kommt, nämlich durch eine neue Einheit oder Ganzheit der Wirklichkeit. Diesen Aspekt am besten verstanden hat wahrscheinlich Pauli, viele Seiten dieses Buches handeln deshalb von seinen Versuchen, diese Lektion der Atome zu lernen und anderen Physikern begreiflich zu machen. Mit dem Quantum der Wirkung ist *»das physikalisch Einmalige… vom Beobachter nicht mehr abtrennbar«*, wie es in der klassischen Physik geschehen ist, und so geht der Physik »der Einzelfall durch die Maschen ihres Netzes« (WB IV-1, 388). Doch bevor wir uns Schritt für Schritt auf diese größte Abenteuer des abendländischen Geistes einlassen, kehren wir zu den Stationen zurück, die Paulis Leben markieren.

»Von antimetaphysischer Herkunft«

Nicht nur seine frühe geistige Entwicklung war ungewöhnlich, schon seine Taufe am 13. Mai 1900 stand unter einem besonderen Stern. Die jüdischen Wurzeln seines Vaters Wolfgang Joseph Pauli führen nach Prag. Er war am Ende des 19. Jahrhunderts nach Wien gekommen, um hier erst Arzt zu werden und später die Direktion eines neuen Instituts für medizinische Kolloidchemie zu übernehmen, wie ein Vorläufer der heute etablierten Biochemie damals hieß. An der Universität Wien lernte Wolfgang Pauli senior den berühmten Philosophen und Physiker Ernst Mach kennen, der seit 1895 eine Professur für »Philosophie, insbesondere Geschichte und Theorie der induktiven Wissenschaften« innehatte. Zwar hing der kleine Wolfgang (»Wolfi«) an seiner Mutter Bertha (geb. Schütz), die als Mitarbeitern der Neuen Freien Presse journalistische Fähigkeiten bewies. Doch muss angenommen werden, dass Mach den heranwachsenden jungen Mann stark beeinflusst hat, und zwar nicht nur durch die Ermutigung zu früher wissenschaftlicher Lektüre. Der Schüler Wolfgang pflegte diese Tätigkeit vor allem, nachdem 1909 seine Schwester Hertha zur Welt gekommen war und die bis dahin ungestörte Wohlumsorgtheit durch die Mutter beeinträchtigt wurde. Noch als 53-Jähriger hat Pauli den Einfluss von Mach in einem ungewöhnlich langen und persönlich gehaltenen Brief an den Psychologen C. G. Jung in Zürich wie folgt dargestellt (EM, 4 und PJ, 104–5):

»Unter meinen Büchern befindet sich ein etwas verstaubtes Etui, in diesem ist ein Silberbecher im Jugendstil und in diesem wiederum ist eine Karte … Dieser Becher nun ist ein Taufbecher, und auf der Karte steht in altmodisch verschnörkelten Buchstaben: Dr. E. Mach, Professor an der Universität Wien.

Es kam so, dass mein Vater sehr mit seiner Familie befreundet war, damals geistig ganz unter seinem Einfluss stand und er [Mach] sich freundlicherweise bereit erklärt hatte, die Rolle des Taufpaten bei mir zu übernehmen … Er war wohl eine stärkere Persönlichkeit als der katholische Geistliche, und das Resultat scheint zu sein, dass ich auf diese Weise antimetaphysisch statt katholisch getauft bin. Jedenfalls bleibt die Karte im Becher und trotz meiner größeren geistigen Wandlungen in späterer Zeit bleibt sie doch eine Etikette, die ich selber trage, nämlich: *von antimetaphysischer Herkunft.* In der Tat betrachtete Mach die Metaphysik, etwas vereinfachend, als die Ursache alles Bösen auf Erden – also psychologisch gesprochen: als den Teufel schlechtweg –, und jener Becher mit der Karte darin bleibt ein Symbol für die *aqua permanens,* welche die bösen metaphysischen Geister verscheucht.«

Aqua permanens – dies ist einer der zahlreichen Ausdrücke, die Alchemisten erfunden haben, um dem Wasser Bedeutung über seine Rolle als trinkbare Flüssigkeit hinaus zuzuschreiben. Für sie symbolisierte Wasser das Lebendige der Seele, wie ausführlich in Jungs Buch über die Verbindung von »Psychologie und Alchemie« nachzulesen ist, das 1944 zum ersten Mal erschienen und von Pauli gründlich durchgearbeitet worden ist.

Wir kehren von Jung zu Mach zurück, mit einer bezeichnenden Anekdote: Mit ihr will der Physiker Pauli dem Psychologen Jung erklären, wie der Philosoph Mach denkt; dessen wissenschaftliche Hauptleistung wird darin gesehen, dass er es wagte, den absoluten Raum abzulehnen, den Newton der Physik hinterlassen hatte. (Machs Kritik an Newtons Idee hat im Übrigen Einstein wesentlich geholfen, ausreichend Mut für die Formulierung seiner Relativitätstheorien zu finden.) Weil aber physikalische Zusammenhänge dieser Art – zu Paulis Leidwesen – selbst einem Gelehrten wie Jung unverständlich bleiben, erläutert er Machs Qualitäten wie folgt (PJ, 105):

»Aber eine Anekdote möchte ich doch hier anführen, weil sie Ihnen sicher besonders Vergnügen machen wird. Mach, gar nicht prüde und sehr interessiert an allen geistigen Richtungen seiner Zeit, gab einmal auch über die Psychoanalyse Freuds und seiner Schule ein Urteil ab. Er sagte, ›Diese Leute wollen die Vagina als Fernrohr benützen, um die Welt durch sie zu betrachten. Das ist aber nicht ihre natürliche Funktion, dazu ist sie zu eng‹. Dies wurde eine Zeit lang ein geflügeltes Wort an der Wiener Universität. Es ist sehr charakteristisch für Machs *in-*

strumentelles Denken. Die Psychoanalyse weckt in ihm sogleich das lebhafte konkrete Bild des unrichtig angewandten Instrumentes, nämlich jenes weiblichen Organs vor dem Auge, wo es nicht hingehört.«

Die Lebenskrise

Pauli tauschte mit Jung nicht nur deshalb Briefe aus, weil die beiden mehr oder weniger berühmte Kollegen an der Universität von Zürich waren, sondern auch, weil der Physiker den Rat des Psychologen brauchte, und zwar als Patient. Als Pauli im Jahre 1928 von Hamburg nach Zürich kam, fuhr er nicht nur einer Professur, sondern auch einer Neurose entgegen, wie er selbst konstatierte.

Pauli spricht in den Briefen aus dieser Zeit von seiner »zweiten Lebenshälfte«, die in der Schweiz beginnt: »Ich war in der ersten Lebenshälfte zu anderen Menschen ein zynischer, kalter Teufel und ein fanatischer Atheist und intellektueller Aufklärer«, wie er sich selbst darstellt (PJ, 31). Pauli leidet unter diesen Eigenschaften, die ihm unter Kollegen die genannten Beinamen »der fürchterliche Pauli« bzw. die »Geißel Gottes« eingetragen haben. Nun versucht er, dies zu ändern, wobei er allerdings nie ganz von der Sorge loskam, dass er dabei an kreativer Schaffenskraft einbüßen könnte.

Tatsächlich fällt in die Zeit am Ende der Zwanzigerjahre das, was moderne Psychologen eine Lebenskrise nennen würden. Sie wirkte sich bei Pauli unter anderem dahingehend aus, dass er im Mai 1929 aus der katholischen

Institut für Theoretische Physik
an der Universität Hamburg

Direktor: Prof. Dr. W. Lenz

Fernsprecher: Hansa 4129

Hamburg 36, den 2. Febr. 1928
Jungiusstraße 9

=ad 938/Nr. 10

Sehr geehrter Herr Präsident!

Ich möchte Ihr wertes Schreiben vom 31. I. gleich beantworten. Vor allem will ich sofort endgültig erklären, daß ich ~~die~~ meine Wahl durch den schweizerischen Bundesrat gerne und mit Freude endgültig annehme. Sodann möchte ich Ihnen herzlich danken für Ihre jetzt in Aussicht genommene Regelung der Assistentenfragen am physikalischen Institut, die nach einer neuerlichen Mitteilung von Herrn Prof. Scherrer auch ihn voll zufrieden stellt.

Ferner möchte ich Sie noch bitten, die kleine Verzögerung in der Annahme meiner Wahl weder mir noch Herrn Prof. Scherrer ~~[illegible]~~ weiter übelzunehmen. Es tut mir sehr leid, daß Sie die betreffende Bemerkung in meinem letzten Brief als Zeichen persönlichen Mißtrauens aufgefaßt haben. ~~[illegible]~~ Ich möchte die Gelegenheit gerne benützen, Ihnen nochmals die Versicherung meines vollen Vertrauens zu geben und ich bin sicher, daß in Zukunft stets volles Einvernehmen zwischen uns bestehen wird. Es ist nur immer etwas schwierig, von der Ferne aus zu verhandeln und wenn ich erst einmal in Zürich bin, wird alles sehr leicht gehen. Ich freue mich schon sehr auf meine dortige Lehrtätigkeit sowie auch auf den persönlichen Kontakt mit den Kollegen von der Hochschule, von denen ich ja, wie Sie wissen, einige von früher her gut kenne.

Wegen der Besetzung meiner Assistentenstelle werde ich mir erlauben, Ihnen demnächst wieder zu schreiben, ich muß selbst diesbezüglich noch einige Nachrichten abwarten.

Nochmals herzlichst dankend für Ihr jederzeit freundliches Entgegenkommen

Mit vorzüglicher Hochachtung

Ihr sehr ergebener

W. Pauli

Februar 1928: Wolfgang Pauli nimmt den Ruf an die ETH in Zürich an, wo er bis zu seiner Emeritierung Theoretische Physik lehren wird.

Kirche austritt und im Dezember desselben Jahres eine junge Tänzerin namens Käthe Deppner heiratet. Pauli hatte sie zwar in einer Tanzschule in Zürich kennen gelernt, die beiden heirateten aber in Berlin, wo die junge Frau Pauli anschließend die meiste Zeit verbrachte. Die Verbindung stand offenbar von Beginn an unter keinem glücklichen Stern, und bereits im November 1930 kam es zur endgültigen amtlichen Trennung – die übrigens in Wien vollzogen wurde. Kurz danach heiratete die geschiedene Frau Pauli einen Chemiker namens Goldfinger. »Hätte sie einen Stierkämpfer genommen, hätt' ich's verstanden«, kommentierte Pauli ernüchtert und sarkastisch, »aber so einen gewöhnlichen Chemiker...« (PJD, 24).

Pauli, der schon früher gerne in Bars und Cabarets verkehrte, der gerne in verrauchten Zimmern zu ungewöhnlichen Stunden gearbeitet hat, der überhaupt lieber seine Zeit in Kneipen als an der frischen Luft verbrachte, fing in der Folge dieser Ereignisse an, noch mehr zu trinken. In dieser Lage brauchte er Hilfe. Sein inzwischen ebenfalls in Zürich lebender Vater empfahl ihm, sich an C. G. Jung zu wenden. Zwischen 1931 und 1934 wurde Pauli an dessen Institut »analysiert«, wie es häufig so schön heißt, wobei Jung den direkten Kontakt seiner Schülerin Erna Rosenbaum anvertraute. Er begründete diese Entscheidung mit dem doppelten Hinweis, dass zum einen Pauli Probleme mit Frauen habe und dass er (Jung) »in Anbetracht der außerordentlichen Persönlichkeit Paulis eine Entwicklung haben wollte, die ganz objektiv und ohne seinen [Jungs] persönlichen Einfluss verlaufen sollte« (PJD, 24).

1934 kommt es allein deshalb zu einem Ende der geschilderten Krise, weil Pauli erneut heiratet, und zwar die

1901 in München geborene Franca Bertram, »welche ihn für den Rest seines Lebens treu umsorgte«, wie uns von den Nachlassverwaltern Paulis versichert wird (PJD, 24). Pauli selbst äußert sich nur positiv über seine Ehe mit Franca und wird noch ein Dutzend Jahre nach der Hochzeit ausdrücklich sagen, »dass die zweite Ehe die richtige ist« (WB-III, 347).

Und wirklich kommt Paulis persönliches Leben nun in ruhigere Bahnen, und dies zeigt Auswirkungen. Mit der äußerlichen Ruhe steigt nämlich die innere Spannung. Im Jahr seiner neuen Liebesbeziehung beginnt eine ganz eigentümliche und besondere Entwicklung in Paulis Leben. Er entdeckt die Nachtseite der Wissenschaft, wie er Jung im Mai 1953 schreibt (PJ, 122): »Bald nachdem ich 1934 geheiratet hatte und meine analytische Behandlung beendet war, begann jene physikalische Traumsymbolik«, ohne die für Pauli fortan eine wissenschaftliche Erkenntnistheorie unvollständig bleiben muss. Tatsächlich beginnt er in den folgenden Jahren nicht nur sehr intensiv physikalisch zu träumen, er nimmt diese seiner Willkür entzogenen geistige Tätigkeit ernst und bemüht sich – gemeinsam mit C. G. Jung – um deren Verständnis, und zwar sowohl auf der individuellen als auch auf der kollektiven (wissenschaftshistorischen) Ebene.

Vermutlich ist es dieses imaginative Innenleben, das Paulis potentiellen Biographen die größten Schwierigkeiten macht. Es gehört aber ganz entscheidend zu seinem Leben und soll deshalb hier möglichst ausführlich zur Sprache kommen, nachdem die Spur der äußeren Biographie skizziert und seine physikalische Leistung verstanden worden ist.

Es ist wichtig, sich vor Augen zu halten, dass die erwähnte Lebenskrise die physikalische Schaffenskraft Paulis anscheinend unberührt lässt. Nur wenige Tage nach seiner Scheidung – am 4. Dezember 1930 – verfasste er einen in der Physikgeschichte berühmt gewordenen Brief, in dem er die Existenz eines bislang unbekannten Elementarteilchens mit physikalischen Argumenten plausibel machte und damit ausdrücklich postulierte. Der Brief war an die Teilnehmer einer Physik-Tagung gerichtet, die in Tübingen stattfand, an der Pauli aber aus einem kuriosen Grund nicht teilnimmt. Er sei nämlich »infolge einer in der Nacht vom 6. zum 7. Dez. in Zürich stattfindenden Balles hier unabkömmlich«, wie er den Kollegen mitteilte (PuE, 160).

Wenn soeben ausschließlich von »Teilnehmern« die Rede war, dann ist dies etwas leichtfertig geschehen, denn um 1930 gab es wenigstens eine berühmte Teilnehmerin auf physikalischen Kongressen, und zwar Lise Meitner, die Paulis Brief im Übrigen aufbewahrt und auf diese Weise für die Nachwelt gerettet hat. Lise Meitner war deshalb besonders an Paulis Brief interessiert, weil sie sich damals mit dem sogenannten Beta-Zerfall von Atomen befasste, der den Physikern einiges Kopfzerbrechen bereitete und auf den Paulis Schreiben sich bezieht. Beim Beta-Zerfall – so hatten die Experimente gezeigt – werden von den radioaktiven Atomen Elektronen ausgesendet, deren Energie man ungewöhnlich präzise messen konnte. Jedermann und jede Frau erwartete, dass alle diese Elektronen über die gleiche Energie verfügten. Dies musste der Fall sein, wenn es genau einen für den Zerfall verantwortlichen Prozess gab und wenn dabei ausschließlich Elektronen freigesetzt würden. Doch Lise Meitner konnte zeigen, dass die Elektronen alle möglichen Energiemengen mit sich führten, und damit war guter Rat teuer. Wie sollte man das kontinuierliche Energiespektrum des Beta-Zerfalls in einer Quantenwelt erklären?

Erste Stimmen waren zu hören, dass man sich mit dem Gedanken befassen sollte, den Energiesatz bei radioaktiven Atomen für ungültig zu erklären oder wenigstens aufzuweichen. Doch da wollte Pauli nicht mitmachen. Um den ihm fast heiligen Hauptsatz der Physik zu retten, demzufolge Energie weder vernichtet noch erzeugt werden kann und bei allen physikalischen Prozessen nur der Form nach verwandelt wird, während die Menge stets konstant bleibt, schrieb Pauli den oben erwähnten Brief, in dem er seine als »liebe Radioaktive« bezeichneten Kollegen bittet, ihn »huldvollst anzuhören«. Er sei »auf einen verzweifelten Ausweg verfallen«, »nämlich die Möglichkeit, es könnten elektrisch neutrale Teilchen… in den Kernen existieren«. Mit anderen Worten: Pauli postuliert die Existenz eines bislang unbekannten Teilchens, und er war der erste Physiker, der solch einen Schritt wagte. Kein Wunder, dass er trotz der im Brief gelieferten physikalisch plausibel klingenden Beschreibung ausdrücklich und mit aller Vorsicht hinzufügt (PuE, 160):

»Ich traue mich vorläufig aber nicht, etwas über diese Idee zu publizieren, und wende mich erst vertrauensvoll an Euch, liebe Radioaktive, mit der Frage, wie es um den experimentellen Nachweis eines solchen [neutralen Teilchens] stände«, […] oder – so fragte er, indem er einen Kollegen zitierte – sollte man »am besten gar nicht daran denken, so wie an neue Steuern«?

Das Teilchen, das Pauli theoretisch entdeckt hat, gehört

heute als Neutrino[8] zu den Grundbausteinen der Materie. Es hat lange gedauert, bis der Nachweis seiner Existenz zweifelsfrei gelungen ist. Für Pauli, der keine Kinder gezeugt hat, spielt das Neutrino vielleicht so etwas wie die Rolle eines geistigen Kindes. In einem Brief an Max Delbrück hat er einmal ausdrücklich vom »närrischen Kind meiner Lebenskrise« gesprochen (PJD, 25). Vor diesem Hintergrund lässt sich leicht ausmalen, wie er sich gefreut haben muss, als ihn im Jahre 1956 das aus den USA kommende Telegramm erreichte, mit dem Physiker den Vollzug meldeten. Das Neutrino gab und gibt es tatsächlich. Pauli antwortete voller Dankbarkeit, dass dem alles gelingt, der nur zu warten weiß: »Thanks for message. Everything comes to him who knows how to wait.«

Um die Kriegsphysik herum

Die Jahre zwischen 1930 und 1956 können durch zahlreiche Bemühungen um die Vertiefung und Erweiterung der Quantentheorie charakterisiert werden, die Fachleute unter der Bezeichnung Quantenfeldtheorie bzw. Quantenelektrodynamik kennen und lernen. Bis 1940 gelingt es Pauli, in Zürich ein Zentrum für Theoretische Physik aufzubauen, und er sammelt zahlreiche bedeutende Schüler um sich, die danach streben, bei ihm physikalisches Denken zu lernen und nicht nur die Handhabung mathematischer Formeln. Genannt seien unter anderem Rudolf Peierls, Hendrick Casimir, Viktor Weisskopf und Markus Fierz, wobei Fierz später Professor in Basel wird und die Briefe, die er und Pauli austauschen, philosophisch zu den aufregendsten Texten gehören, die mit der Deutung der Quantentheorie zu tun haben. (Siehe dazu vor allem das erwähnte Buch »Beyond the Atom«.)

In dem genannten Zeitraum von gut zwei Jahrzehnten hat sich bekanntlich die politische Lage in Europa und der Welt ungeheuer verändert. In Deutschland sind die Nationalsozialisten an die Macht gekommen, die 1939 Polen überfallen und den Zweiten Weltkrieg beginnen. Unter dieser Vorgabe bekommen die Fortschritte der Atomphysik eine neue politische Bedeutung. Ende des Jahres 1938 haben Chemiker und Physiker – die ersten hießen Otto Hahn und Lise Meitner – nicht nur entdeckt, dass sich Atomkerne spalten lassen, sondern auch, dass dabei ungeheure Energiemengen freigesetzt werden können. Die in der Phantasie von Dichtern schon längst angesprochene und benannte Atombombe – das Wort taucht vor jeder Kenntnis der modernen Atomphysik zum ersten Mal in dem 1913 erschienenen Roman »The World Set Free« von H. G. Wells auf – kann nun kriegsentscheidende physikalische Realität werden, und die Furcht im Ausland ist gut begründet, dass deutsche Wissenschaftler bereit sind, sie den aggressiven und rücksichtslosen Nazis herzurichten. Der bereits 1932 in die USA emigrierte Einstein schlägt dem amerikanischen Präsidenten vor, diese Gefahr sehr ernst zu nehmen und so schnell wie möglich ein eigenes Atomwaffenprogramm zu starten. Dies geschieht, und die meisten Physiker beteiligen sich (erst zögernd, dann aber enthusiastisch) an der jetzt anstehenden Kriegsphysik mit den bekannten Folgen – allein Pauli hält sich aus den Waffenprojekten heraus. Er geht zwar auch in die USA und übernimmt mit großer Freude während der Kriegsjahre eine Gastprofessur am Institute for Advanced Studies in Princeton, aber er tut dies ausschließlich, um Grundlagenphysik zu treiben (und nur, nachdem er seine Hoffnung zerschlagen sah, dass die Schweiz bei den Kriegshandlungen »draußen bleiben kann«). In diesen Jahren bringt er sogar ein eigenes Buch über die Kernkräfte heraus, seine streng fachwissenschaftliche *Meson Theory of Nuclear Forces,* das 1946 in New York erschienen ist.

Nach dem Ende des Zweiten Weltkriegs kehrt der jetzt mit Nobelpreiswürden versehene Pauli trotz amerikanischer Angebote und Einsteins Bitten nach Zürich zurück. Er fühlt sich zu sehr als Europäer, auch wenn diese kulturgeleitete Idee damals noch nicht so populär ist wie heute: »I feel, however, that I am European«, teilt Pauli einem holländischen Physiker als Begründung für seine Rückkehr mit, um hinzuzufügen, dass dieser Satz kaum verstanden wird, denn, »this concept, again, is not recognized in Europe« (WB-III, XLVII).

Von seinem geliebten Institut in der Zürcher Gloriastraße übte er bald wieder seine alte Rolle als »oberster Richter« der theoretischen Physik aus. Seine oft ätzende Kritik war zugleich geschätzt und gefürchtet, wobei Pauli über sich selbst eher spöttisch bemerkte: »Schon öfters habe ich etwas Richtiges als falsch erklärt, aber noch nie etwas Falsches als richtig« (PuE, XVIII). Paulis zynische Art ging natürlich vielen Kollegen auf die Nerven. Der geschätzte und bekannte Physiker Paul Ehrenfest hat sich über sie einmal so geärgert, dass er die Meinung äußerte: »Wissen Sie, Herr Pauli, ich muss schon sagen, Ihr Encyklopädie-Artikel über die Relativität gefällt mir besser als Sie selbst.« Worauf Pauli gelassen erwiderte: »Komisch, bei mir ist es gerade umgekehrt.«

Etwas Richtiges, das Pauli nicht so erwartet hätte, lernte er 1957 kennen, als die Welt der Physik zur allgemeinen Überraschung mit dem Nachweis konfrontiert wurde, dass nicht alle physikalischen Vorgänge, die man im Spiegel betrachtet, auch tatsächlich in Wirklichkeit ablaufen können. Gegen Paulis felsenfeste Überzeugung und trotz seiner in Form einer Wette angebotenen Prophezeiung ihrer durchgehenden Gültigkeit erwies sich die Spiegelsymmetrie nicht als eine universelle Eigenschaft der natürlichen Welt, und ihre Verletzung konnte man ausgerechnet bei einer genauen Analyse eines Beta-Zerfalls nachweisen (s. u. S. 91f.).

Neben der Symmetrieerhaltung hat sich Pauli in seinen letzten Lebensjahren gemeinsam mit Heisenberg um eine einheitliche Theorie der Elementarteilchen bemüht – im Rahmen einer so genannten Spinortheorie. Dieser von Heisenberg mit ungewöhnlicher Intensität verfolgte Ansatz traf zunächst Paulis ungeteilten Beifall, der einen ersten Entwurf zu Papier brachte und sich noch zum Jahreswechsel 1957/58 in bester Verfassung zeigte:

»In dieser wissenschaftlich so wunderbaren Jahreswende«, so schrieb er am 31. Dezember 1957, »fühle ich so etwas wie Morgenluft (welche die Geister wittern) und wie Morgenröte.« Doch bald befallen ihn starke Zweifel an der physikalischen Plausibilität des ganzen Konzepts. Pauli distanzierte sich von dem Gemeinschaftsprojekt, und es kommt zum endgültigen Zerwürfnis der beiden fast lebenslang Verbundenen.

Heisenberg hat – nach dem Tod von Pauli – die Ansicht geäußert, dass Paulis Ablehnung weniger mit physikalischen Argumenten und mehr mit seiner physischen Verfassung zu tun haben könnte. Es kann hier nicht darum gehen, darüber ein Urteil zu fällen, das vielleicht nur demjenigen möglich ist, der das Denken Paulis in seiner Tiefe nachvollzieht und versteht, wie er sein Leben mit der wissenschaftlichen Tätigkeit verknüpft hat.

Die Physik ist auch präsent, als er am 8. Dezember 1958 in das Rotkreuzspital in Zürich eingeliefert wird. Plötzlich auftretende Schmerzen hatten dies erzwungen. Einen seiner Besucher weist er auf die Zimmernummer hin – 137 – die ihm Gewissheit bringt, dass er hier sterben wird (PJD, 30 und 44). Die Zahl 137 (genauer: ihr Kehrwert) ist Physikern als Feinstrukturkonstante bekannt, und ihre Bedeutung ist zuerst von Paulis Lehrer Sommerfeld erkannt worden. Diese dimensionslose Zahl drückt einen der am besten gesicherten empirischen Befunde der Physik aus, nämlich die atomistische Struktur der elektrischen Ladung. 1934 hatte Pauli geschrieben, dass ein Fortschritt der Physik »wohl erst durch ein theoretisches Verständnis des numerischen Wertes der Sommerfeldschen Feinstrukturkonstanten zu erwarten sein« dürfte (PJD, 29). Bei ihr handelt es sich vor allem um eine von der Natur vorgegebene reine Zahl. Bei ihr zeigt sich aber auch die magisch-symbolische Qualität dieser Gebilde, in der jüdischen Tradition z. B. bekam das hebräische Wort Kabbala den Zahlenwert 137 zugeteilt. Die mystische Frömmigkeit der Kabbala und die mathematische Rationalität der Physik treffen also in einer Zahl zusammen. In dieser Symmetrie steckt ein offenes Geheimnis, das Pauli gerne gekannt hätte. Er hat es nicht mehr lösen können. Die wuchernde Krankheit war zu weit fortgeschritten und auch durch eine Operation nicht mehr zu bremsen. Am 15. Dezember 1958 ist Pauli in Zimmer 137 gestorben.

Pauli zeigte sich oft ungehalten, wenn Kollegen Ergebnisse oder Theorien veröffentlichten, ohne sich wirklich umfassend von ihren Bedeutungen und ihrer Gültigkeit überzeugt zu haben. Er griff die entsprechenden Personen häufig direkt an, die ihrerseits auf die Chance für eine Replik warteten. Eines Tages war es so weit. Pauli hielt einen Vortrag, als ein Zuhörer das Tempo monierte und mit der Klage »Ich kann nicht so schnell denken wie Sie« darum bat, die Argumente nicht so überaus rasant abzuspulen. Pauli fasste den ihm bekannten Redner ins Auge und erwiderte: »Ich habe nichts dagegen, wenn Sie langsam denken, aber ich habe etwas dagegen, wenn Sie schneller publizieren als Sie denken.«

Paulis Kritik an den Vorträgen anderer war vielfach gefürchtet. Meistens unterbrach er einen Redner, um ihn zur Klärung von Fragen zu bringen, die ihm unbeantwortet zu sein schienen. Eines Tages sagte Pauli zur allgemeinen Verblüffung und Unruhe lange Zeit hindurch gar nichts. Am Ende des Referats fragte der Vortragende ängstlich: »Aber Herr Pauli, Sie glauben doch nicht, dass alles, was ich heute Nachmittag gesagt habe, Unsinn war?« »Nein, gar nicht«, gab Pauli zur Antwort, »was Sie gesagt haben, war so konfus, dass man gar nicht sagen kann, ob es Unsinn war.«

(In einer anderen Version der Anekdote sagte Pauli: »Was Sie gesagt haben, war nicht nur nicht richtig, es war nicht einmal falsch.«)

Die vierte Quantenzahl

Im Frühjahr 1923 hielt sich Pauli in Kopenhagen auf. Er fühlte sich wohl an dem Institut, das Niels Bohr vor 1920 gebaut hatte und nun leitete. Pauli schätzte besonders seinen persönlichen Kontakt zu dem großen dänischen Physiker, der neben Einstein die dominierende Figur seiner Wissenschaft darstellte und gerade mit dem Nobelpreis für Physik ausgezeichnet worden war. Doch trotz der genannten Bedingungen und trotz der wärmer werdenden Tage schien Pauli tief unglücklich zu sein. Er lief selbst bei hellster Frühlingssonne mit einem eher düsteren und traurigen Gesichtsausdruck durch die sich bunt schmückenden und immer stärker belebten Straßen von Kopenhagen. Eines Tages sprach ihn ein Kollege aus dem Institut darauf an, indem er fragte: »Warum schauen Sie denn so deprimiert aus, Herr Pauli?« – »Wollen Sie mir einmal sagen«, kam die rasche Antwort, »wie man es verhindern kann, depressiv zu werden, wenn man über den anomalen Zeeman-Effekt nachdenkt?«

Physikalischer Unsinn

Um von vorneherein jedem Missverständnis vorzubeugen: Paulis offenkundige Griesgrämigkeit und seine tiefe Verdrossenheit hatten wenig damit zu tun, dass er ein gestelltes physikalisches Problem nicht lösen und zum

Beispiel den genannten Effekt nicht erklären konnte, der von dem holländischen Physiker Pieter Zeeman bereits am Ende des neunzehnten Jahrhunderts im Experiment beobachtet worden war und von Atomen in Magnetfeldern handelt. Solch eine Situation hätte Pauli zwar kurzfristig geärgert, aber nicht langfristig deprimiert. Sein verzweifelter Gesichtsausdruck muss anders und grundsätzlicher erklärt werden. Vermutlich war ihm in diesen Kopenhagener Frühlingstagen – wahrscheinlich gerade beim Nachdenken über den anomalen Zeeman-Effekt – klar geworden war, dass die ganze traditionelle Physik, trotz aller Eleganz und trotz all ihrer grandiosen Erfolge seit den Tagen von Galilei, Newton und Einstein, erstens eng begrenzt war und zweitens nicht bloß ergänzt werden musste, wenn man weiterkommen wollte. Etwa bis zu den Atomen hin. Sie musste vielmehr durch etwas völlig Neues ersetzt werden. Die Physik Newtons und Einsteins funktionierte nicht nur schlecht, wenn man sie auf die innere Struktur der Materie anwendete. Sie versagte auf der ganzen Linie, und Erfolg hatte nur derjenige, der ihre im Alltag bewährten Gesetze umging oder austrickste und sich mit Vorschlägen vorwagte, die auf den ersten Blick – dem Blick der klassischen Physik – völlig unsinnig aussahen.

In ihren Gesprächen und Briefen der Jahre um 1923 hatten Bohr, Pauli und Heisenberg tatsächlich längst keine Scheu mehr, von »Schwindel« und »Wahnsinn« zu reden, wenn sie versuchten, die experimentell gewonnenen Kenntnisse über die Atome im physikalischen Rahmen und mit klassischen Modellen zu verstehen. Bohr lobte zum Beispiel den »vollständigen Wahnsinn« eines Beitrags von Pauli, durch den »der Umfang des ganzen Schwindels [der angewandten Modelle] so erschöpfend charakterisiert wurde«. Pauli selbst benutzte das Wort »Unsinn« längst schon in der Mehrzahl, indem er die Meinung äußerte, dass vielleicht nur der Physiker etwas von der Wahrheit über die Natur der Atome erhaschen könnte, dem es gelänge, verschiedene »Unsinne zu addieren«. Und Heisenberg tröstete sich mit dem Hamlet nachempfundenen Wort: »Ist es auch Wahnsinn, so hat es doch Methode.«

Die verlorene Anschaulichkeit

Was war geschehen? Auf welche (im Rückblick) entscheidende Einsicht hatte sich das Trio Bohr, Pauli, Heisenberg geeinigt, das man in den Zwanzigerjahren als Zentrum eines Wirbelsturms ansehen konnte? Eines Wirbelsturms, der seit der Jahrhundertwende über die Physik herzog, dabei selbst die solidesten Baumstämme ins Wanken brachte und mehr oder weniger alles durcheinander brachte?

Wenn man es einfach ausdrücken will, kann man sagen: Pauli und Co. hatten (wohl als Erste) verstanden und innerlich akzeptiert, dass eine Physik der Atome nur formuliert werden kann, wenn erstens auf anschauliche Modelle verzichtet wird, wenn damit zweitens traditionelle Vorstellungen wie die »Bahn eines Elektrons in einem Atom« verworfen werden, und wenn man sich drittens nicht nur an die Grenzen der klassischen Physik heranwagt, um den (rationalen) Weg zu sehen, mit dessen Hilfe sie zu überwinden sind, sondern danach auch bereit ist, ihn einzuschlagen und zu Ende zu gehen. An-

Das Trio Niels Bohr, Werner Heisenberg und Wolfgang Pauli (v. l.) 1936 bei einer Diskussion in Kopenhagen.

schaulichkeit wurde von dem gerade den Kinderschuhen entwachsenen Pauli radikal als »Verlangen der Kinder« abgetan, und er machte Heisenberg und den anderen klar, dass die (gemessenen) Energiewerte der Atome »etwas viel Realeres sind als Bahnen«, von denen dauernd – und leider bis heute – die Rede ist, weshalb er die Bezeichnung »Bahn« in seiner Arbeit auch ganz bewusst vermeidet: »Wir dürfen … nicht die Atome in die Fesseln unserer Vorurteile schlagen wollen (zu denen meiner Meinung nach auch die Annahme der Existenz von Elektronenbahnen … gehört)« (BtA, 16).
Es war dann Heisenberg, der diesen philosophischen Gedanken als Erster in die physikalische Tat umzusetzen wusste und eine widerspruchsfreie Mechanik der Atome konstruierte, die nur mit messbaren Größen operierte

und die Bahn eines Elektrons dadurch zustande kommen ließ, dass Physiker (oder andere Menschen) sie beobachteten. In der modernen Wissenschaft sind die Bahnen, die englisch »orbits« heißen, durch Gebilde ersetzt worden, die »Orbitale« heißen. Sie stellen keine berechenbare Bahn mehr da, sondern geben einen mathematisch erfassbaren Bereich an, in dem sich ein Elektron aufhalten kann. Ein solches Teilchen ist zwar ganz sicher in solch einem Orbital zu finden, aber welche genaue Position es dabei einnimmt, sagt die Quantentheorie nicht mehr. Sie gibt dafür nur eine Wahrscheinlichkeit an.

In populären Darstellungen wird diese Situation oft durch eine hübsch gestaltete Wolke veranschaulicht, in der sich das Elektron versteckt. Dagegen ist nichts einzuwenden, wenn man sich vor Augen hält, dass das flüchtige Gebilde kein Elektron verbirgt, sondern ihm – im Gegenteil – überhaupt die Möglichkeit öffnet, irgendwo zu sein.

Man hat es nicht leicht mit der Anschaulichkeit von unsichtbaren Gegebenheiten oder Gegenständen, einem stetig wiederkehrenden Thema, wenn Pauli sich zu philosophischen Fragen äußert bzw. festlegt, und zwar auch dann, wenn sie wenig mit Physik zu tun haben. So legt er 1952 dar, dass der Gedanke eines »Weltgeistes«, der das irdische Geschehen und möglicherweise die menschliche Geschichte lenkt und vorantreibt, schon deshalb abzulehnen und zu verwerfen ist, weil diese Vorstellung viel zu eng am Bewusstsein orientiert und damit viel zu anschaulich ist: »Just because I think that the last reality must be ›unanschaulich‹ and beyond the distinction between ›psychisch‹ and ›physisch‹ I cannot accept a human-like consciousness (menschenähnliches Bewusstsein) outside men« (WB IV-1, 611), wie er auf Englisch schreibt, was vielleicht so übersetzt werden könnte: »Gerade weil die letzte Realität meiner Ansicht nach unanschaulich sein muss und nichts mit der Unterscheidung zwischen psychisch und physisch zu tun haben sollte, kann ich kein menschenähnliches Bewusstsein außerhalb des Menschen akzeptieren.«

»Klassisch nicht beschreibbar«

Die Frage nach der Anschaulichkeit ist also keineswegs als oberflächlich und banal abzutun, und was Pauli vermutlich tiefe Sorgen bereitete, als ihn der Kopenhagener Frühling von 1923 nicht aufmuntern konnte, war die Frage, ob die Aufgabe der entsprechenden Forderung und die dazugehörige Grenzüberschreitung überhaupt menschenmöglich ist. Niemand konnte doch wissen, ob es gelingen würde, eine (mathematische oder symbolische) Sprache zu finden, mit deren Hilfe die Gesetze der Atome bzw. der atomaren Wirklichkeit zu fassen sind. Es war doch nicht ausgeschlossen, dass es hinter der klassischen Physik nichts gab, mit dem sich erfassen ließe, was die Welt im Innersten zusammenhält, also dort, wo die Unanschaulichkeit herrscht. Es konnte nicht ausgeschlossen werden, dass sich Paulis wissenschaftliches Ziel, alle »physikalisch realen, beobachtbaren Eigenschaften ... aus [experimentell zugänglichen] Quantenzahlen... zu deduzieren« (BtA, 16), als unerreichbar herausstellen würde, wobei die gerade erwähnten Quantenzahlen die messbaren Eigenschaften von Atomen repräsentierten. Paulis später nobelpreisgekrönte Arbeit bestand im Übrigen gerade darin, eine von ihnen – die vierte – zu finden.

Zum Glück kam es aber anders, und eine neue Physik – die Quantenphysik – konnte entworfen werden. Sie handelt von Funktionen, die unanschauliche Größen in unanschaulichen Räumen repräsentieren, was hier auch einer Kuriosität wegen erwähnt wird. Die Mathematiker haben nämlich für diese eben charakterisierten Bausteine der Theorie ausgerechnet das Attribut »imaginär« ersonnen. Die Quantenmechanik ist also imaginär und unanschaulich zugleich. Ihre Funktionen beschreiben keine realen Größen, und es bedarf einer besonderen Rechenvorschrift, um in den Bereich der Messbarkeit – also in die reale Welt – zu kommen. Dabei treten die Wahrscheinlichkeiten auf, die von nun an zum Markenzeichen der neuen Physik gehören.

Von diesem Ende konnte Pauli in den Jahren 1923 und 1924 noch nichts wissen. Seine damals im Kopf entworfenen und im Konzept entstandenen Arbeiten, die 1924 und 1925 publiziert worden sind, gaben aber den ersten Hinweis und damit die erste Hoffnung, dass es eine lebendige Physik nach dem Tod der klassischen Form geben könne. Paulis Texte verbargen mit hinter so kompliziert wie langweilig klingenden Titeln – zum Beispiel *Über den Zusammenhang des Abschlusses der Elektronengruppen im Atom mit der Komplexstruktur der Spektren* –, wie aufregend die ganze Entwicklung war. Sie schildern nämlich ein großes geistiges Abenteuer. In ihnen wagte es ein junger Physiker als Erster, nicht nur im privaten Kreis, sondern in veröffentlichter Form von konkreten Grenzen der klassischen Physik zu sprechen und den Elektronen »klassisch nicht beschreibbare« Qualitäten zuzuschreiben.

Mit Paulis Nachdenken im Frühjahr 1923 und den dabei erzielten Ergebnissen beginnt die eigentliche Umwälzung der Physik, die ihre endgültige Verwandlung in den Jahren 1925 und 1926 erlebt, und zwar durch Werner Heisenberg und Erwin Schrödinger. Sie erreichen tatsächlich das ersehnte Ziel, indem sie eine mathematische Sprache finden, mit der sich die Grundgesetze der Atome formulieren lassen, und für einen Augenblick hat es den Anschein, als ob sich Paulis Gesichtsausdruck nach diesen Erfolgen entspannen würde. Aber er gewinnt rasch seine skeptische Nachdenklichkeit zurück, denn mit der Lösung der scheinbar unlösbaren physikalischen Fragen tauchen wirklich unlösbare philosophische und psychologische Rätsel auf, die ihn den Rest seines Lebens beschäftigen. Dass es eine neue Physik – die Quantenphysik – gibt, die neben die klassische Form tritt, befriedigt Pauli nur vorübergehend. Er fragt weiter, weil er wissen will, wo diese neue Theorie denn herkommt und wie sie möglich werden kann. Pauli versucht dabei, mit seinen Antworten ein wunderbares Weltbild zu entwerfen, wie wir noch sehen werden.

Wichtig an Paulis über die Physik hinausgehenden – also im Wortsinne metaphysischen – Gedanken ist, dass sie die Lehre aus konkreten wissenschaftlichen Anlässen zu ziehen versuchen und keine beliebigen Setzungen sind. Deshalb verdienen sie mehr Aufmerksamkeit, als die professionellen Philosophen ihnen gewidmet haben. Und deshalb muss auch zunächst genauer vorgestellt werden, mit welcher physikalischen Beobachtung Paulis Denken angefangen hat. Konkreter gefragt: Womit befassten sich die Physiker, die an Atomen interessiert waren? Was versuchten sie zu erklären? Wie stellten sie sich die Dinge vor, bevor ihre Unanschaulichkeit ernst genommen wurde? Und warum war es gerade der anomale Zeeman-Effekt, der im Frühjahr 1923 zwar zu depressiven Momenten in Paulis Leben führte, ihm aber die Möglichkeit zu der Einsicht lieferte, die ihm den Nobelpreis für Physik eingetragen hat?

Scharfe Linien

Im Verlauf des 19. Jahrhunderts hatten die Physiker eine Methode zur Meisterschaft gebracht, die man Spektroskopie nennt. Am Anfang aller Bemühungen steht das berühmte Spektrum des Lichts, das Isaac Newton um 1700 beobachtet hatte, als er einen Lichtstrahl der Sonne durch ein Prisma lenkte und erlebte, wie das Licht in seine bunten Bestandteile zerlegt wurde. In der Folge lernten die Wissenschaftler, wie sich das Licht, das von Materie ausgeht (in Form von Feuer) oder das von Materie verschluckt wird, analysieren lässt. Besonders die zweite Form der Untersuchung erwies sich dabei als ergiebig. Es zeigte sich nämlich, dass jedes chemische Element (jedes Atom) auf seine charakteristische Weise in der Lage war, Licht zu absorbieren, und das Besondere war dabei, dass das entsprechende Ergebnis als scharfe Linie sichtbar wurde. Sie zeigte die Stelle im Spektrum an, an der kein Licht durchkam. Seine Energie war in den Atomen stecken geblieben, und der Wert dieser Energie ließ sich bestimmen, wobei die dabei gefundene Zahl ein Atom präzise charakterisierte.
Jedes Element zeigte seine besonderen typischen Linien,

und die Aufgabe der Physiker bestand am Ende des 19. Jahrhunderts darin, Modelle von Atomen zu entwerfen, mit denen diese Wechselwirkung zwischen Licht und Materie erklärt werden konnte. Bei diesem Bemühen kam man erst nach 1912 wirklich voran, als durch Experimente im Laboratorium von Ernest Rutherford klar geworden war, dass die scheinbar unteilbaren Atome in Wirklichkeit aus zwei Teilen bestehen, und zwar einem Atomkern, in dem fast die ganze Masse sitzt, und einer Atomhülle, aus der heraus sich das chemische Reaktionsvermögen entfaltet. Niels Bohr schlug damals vor, sich die Atome anschaulich als Planetensystem *en miniature* vorzustellen, wobei es wichtig war, dass diese Idee nur mit Hilfe der Unstetigkeit funktionierte, die Max Planck 1900 in die Physik eingeführt hatte und die als Quantum der Wirkung bereits vorgestellt worden ist. Planck wollte damals ebenfalls die Wechselwirkung zwischen Licht und Materie erkunden, und zu seinem großen Erstaunen ließ sich die Farbigkeit des Lichtes, das von einem immer weiter erhitzten und schließlich zum Glühen gebrachten festen Körper ausgeht, nur erklären, wenn der Austausch der Energie nie kontinuierlich verläuft, sondern nur sprunghaft – in Quantenform – stattfinden kann.

Physikalisch ausgedrückt machte Planck die Annahme, dass die Energie von Licht in Quantenpaketen verfügbar ist, und die Größe dieser Pakete hängt von der Frequenz des Lichtes ab. Blaues Licht mit hoher Frequenz bringt mehr Energie mit sich als rotes Licht mit geringer Frequenz.

So einfach dieser Zusammenhang klingt und so selbstverständlich heute jeder Student damit umgeht, so dramatisch ist er den Großen der wissenschaftlichen Zunft damals erschienen.

Als Einstein von der Quantennatur des Lichts erfuhr und durch Planck lernte, dass seine Energie durch die Frequenz bestimmt wird, hatte er zunächst nicht den Eindruck eines Triumphes. Ihm kam diese Einsicht eher wie eine Katastrophe vor, und ihm schien, als ob ihm und der ganzen Physik der Boden unter den Füßen weggezogen würde.

Und als der Student Pauli zum ersten Mal von dieser Verbindung erfuhr, erlebte er einen »starken geistigen Chock«, da ihm »die Verknüpfung der beiden Begriffe Frequenz und Energie vom Standpunkt der klassischen Physik als völlig unerwartet, ja als irrational« erschien (PJ, 180). Die Wissenschaft brauchte tatsächlich anschließend Jahrzehnte – genauer bis 1927 –, »um ein Begriffssystem aufzustellen, das diesem paradoxen Sachverhalt angepasst und dennoch logisch widerspruchsfrei ist«, wie Pauli einmal angemerkt und ausführlich erläutert hat (PJ, 180):

»Es hat sich gezeigt, dass die Quelle der Widersprüche, zu denen die *Verknüpfung von Energie und Frequenz* bei uneingeschränkter Verwendung anschaulicher Bilder führt, in der Voraussetzung besteht, dass die Energie in jedem scharfen Zeitmoment einen ganz bestimmten Wert habe. Dagegen hat es keinen Sinn, vom Wert einer zeitlichen Periode zu reden in Bezug auf eine Zeitdauer, die kleiner ist als die Periode selbst. Je länger die Zeitdauer ist, die zur Verfügung steht, um eine Periode zu definieren, um so schärfer ist ihr Wert bestimmt. Eine vollkommen scharfe Periode entspricht dem Grenzfall ihrer Gültigkeit während unendlich langer Zeit. Das Neue, das die moderne Quantenphysik uns gelehrt hat, besteht nun darin, *dass für die Energie etwas genau Analoges gilt.* Man kann eine Energie um so genauer messen, je länger die Zeitdauer ist, welche für diese Messung zur Verfügung steht; eine vollkommen scharfe Bestimmung der Energie würde sogar als Grenzfall eine unendlich lange Zeitdauer der Messung erfordern. Von einem Wert der Energie in einem bestimmten Zeitpunkt zu sprechen, hat keinen Sinn mehr« (PJ, 180).

Und genau in dieser Einsicht steckt das erschütternde Erlebnis für Einstein und Pauli, wobei anzumerken ist, dass es zwar »den meisten Physikern meiner und der älteren Generation … ebenso ergangen« ist wie den beiden genannten Genies, dass dieses Erlebnis den heute ausgebildeten Wissenschaftlern aber fremd bleibt. Sie sind zu rational eingestellt, um durch ein brauchbares Ergebnis ihre Seele in Mitleidenschaft ziehen zu lassen. Sie können nicht mehr begreifen, was es bedeutete, dass es plötzlich »keinen Sinn mehr« haben sollte, »von einem Wert der Energie in einem bestimmten Zeitpunkt zu sprechen«. Sie machen sich zu wenig klar, dass das großartige Gebäude der klassischen Physik auf einem Grund stand, den unter anderem die Hauptsätze der Thermodynamik ermöglicht und bereitet hatte. Und der erste von ihnen stellte die Konstanz der Energie fest. Sie galt immer und überall – jedenfalls im Rahmen der klassischen Physik, der sich nun als zu eng erwies.

Den besten Gebrauch von der neuen Quantenbedingung machte Bohr, der um 1912 – als Pauli noch zur Schule ging – die Gelegenheit beim Schopfe packte und die Unstetigkeit der Energie nutzte, um Elektronen in einem Atom feste Bahnen zuzuweisen. Mit der Vorgabe der Quanten konnten sie nicht überall sein und nur zwischen physikalisch definierten Bahnen mit eindeutigen Energiewerten springen. Wenn ein Atom Licht auffing oder abgab – so konstatierte Bohr, und alle früheren und viele folgenden Experimente gaben ihm Recht –, dann bedeutete dies, dass ein Elektron seine Bahn gewechselt hatte. Diese Bahn konnte man dank der erkannten Quantennatur durch eine Zahl – eine Quantenzahl – erfassen, die Auskunft über deren Größe gab. Sie hieß bald die Hauptquantenzahl und wurde allgemein mit dem Buchstaben *n* angegeben.

Mit diesen Feststellungen und -legungen ließen sich mit anschaulichem Hintergrund die Linien in den Spektren gut erklären, und die Physiker gingen dazu über, von den Zuständen eines Atoms zu sprechen, die jeweils durch die dazugehörende und passende Quantenzahl zu kennzeichnen waren. (Dabei ist – im Rückblick von heute – zu beachten, dass es zwar unmittelbar einleuchtet, wenn von einem stationären Zustand eines Atoms gesprochen wird, dass solch ein Zustand aber kein Gegenstück in einer klassischen Beschreibung hat und nur relativ zu einer physikalischen Größe – etwa der Energie – zu definieren ist.)

Die Quantennatur des Lichts spiegelte sich damit direkt in der Quantennatur der Materie wieder, da Atome nicht in allen möglichen Formen, sondern nur in wohl definierten Zuständen existieren konnten. Der Übergang von einem Zustand in einen anderen wurde durch Licht bewirkt und dieser Vorgang als messbare Linie im Spektrum angezeigt.

Wer mehr über die Atome wissen wollte, musste immer präziser Spektrallinien anschauen, und dabei zeigten viele Experimente – unter anderem die von Zeeman –, dass sich viele Linien unter geeigneten äußeren Bedingungen aufspalten ließen, zum Beispiel dann, wenn man die Atome in ein Magnetfeld brachte. Im Normalfall wurden dabei aus einer Linie zwei oder drei, wobei es den Physikern unter der Leitung von Arnold Sommerfeld nicht schwer fiel, diesen »normalen Zeemann-Effekt« in dem anschaulichen Rahmen zu deuten, den Bohr vorgegeben hatte. Sommerfeld führte einfach zwei weitere Quantenzahlen ein – die sogenannten Nebenquantenzahlen –, die er mit den Buchstaben m und k bezeichnete und mit denen die Form der Bahn (etwa ein Kreis oder eine Ellipse) und deren Ausrichtung in Hinblick auf das äußere Magnetfeld erfasst wurden.

Jetzt gab es drei Quantenzahlen (n, m, k), und die Physiker hofften, damit alle Spektrallinien und ihre Aufspaltungen erklären zu können. Sie hatten allein deshalb Vertrauen in die Zahl Drei, weil es drei Dimensionen des Raumes (Höhe, Breite, Tiefe) und drei Dimensionen der Farbe (Farbton, Helligkeit, Sättigung) gab, um nur einige Beispiele zu nennen. Doch ihre Hoffnung war vergebens: Es tauchte der anomale Zeeman-Effekt auf, der im Anschluss an den normalen in Erscheinung trat und die Linien betraf, die zunächst aus der ursprünglichen Einzellinie hervorgegangen waren. (Die Physiker reden von »Dubletts«, »Tripletts« oder allgemein »Multipletts«, die aus »Singletts« hervorgehen.) Und die große Frage laute-

te, was die Linien weiter und feiner aufspaltete, die zuvor schon einmal aufgespalten worden waren?
Beim anomalen Zeeman-Effekt werden einzelne Linien noch einmal verdoppelt, und nach langem Nachdenken gab es für Pauli nur noch eine einzige Möglichkeit, diese Zweiteilung zu erklären. Sie bestand in dem schon angekündigten und vorgestellten endgültigen Abschied von der Anschaulichkeit. Pauli ging dazu über, den Elektronen »eine eigentümliche, klassisch nicht beschreibbare Art von Zweideutigkeit« zuzuschreiben, wie er es vorsichtig in seinem Artikel in der *Zeitschrift für Physik* formulierte, der am 2. Dezember 1923 erschienen ist. Ein Elektron – so erklärte Pauli behutsam weiter – »bringt es auf eine rätselhafte unmechanische Weise fertig, in zwei Zuständen (mit gleichem *k)* mit verschiedenem Impuls zu laufen.«
Was Pauli da entdeckt hat, bezeichnen die Lehrbücher der Physik heute als den Spin der Elektronen (den Elektronenspin), und es gibt ihn tatsächlich als nachweisbare Qualität, als eine Art innerer Trägheit. Wie man inzwischen weiß, sind alle Materiepartikel von Natur aus mit einem festen Betrag dieser Größe ausgestattet worden, unabhängig von ihrer Masse oder Ladung. Pauli hat einmal den Verdacht geäußert, dass der Spin das Zeichen in der atomaren Sphäre ist, mit dessen Hilfe die Physiker erkennen können, dass in der kosmischen Weite Einsteins Relativitätstheorie gilt.
Leider hat es sich zu Paulis Ärger und Verdruss eingebürgert, den Spin einfacher (eben: simpel) zu betrachten und durch eine rotierende Bewegung um die eigene Achse zu veranschaulichen. Man tut so, als sei das Elektron so etwas wie ein winziger Tischtennisball, dem gute Spieler gerne viel Eigendrehung – eben Spin – mit auf den

Weg geben, um dem Gegenspieler das Leben bzw. den Rückschlag so schwer wie möglich zu machen. Freilich ist solch ein Bild eines rotierenden Elektrons einfach, es ist aber vor allem falsch, wie Pauli hinzugefügt haben würde, der lieber an seiner »eigentümlichen, klassisch nicht beschreibbaren Art von Zweideutigkeit« festhielt und sich damit begnügte, sie in Form einer vierten Quantenzahl zu erfassen und zu behandeln.

Für Paulis gesamtes Denken ist es – gar nicht nebenbei bemerkt – von großer Bedeutung, dass hier die Zahl Vier ins Spiel kommt. Er hat in seinen Briefen betont, dass die eigentliche Hürde auf dem Weg zu seiner Entdeckung »mit dem schwierigen Übergang von 3 zu 4 zu tun hatte: nämlich mit der Notwendigkeit, dem Elektron statt der drei Translationen noch einen weiteren vierten Freiheitsgrad ... zuzuschreiben. Mich dazu durchzuringen, dass entgegen der naiven ›Anschauung‹ auch die vierte Quantenzahl die Eigenschaft ein und desselben Elektrons ist ... – das war eigentlich die Hauptarbeit«, wie Pauli im Oktober 1951 rückblickend an Markus Fierz geschrieben hat (EM, 509). Die tiefere Bedeutung dieser Zahlensymbolik wird erst erkennbar, wenn es um Paulis Suche nach psychologischen Zusammenhängen geht.

Das Prinzip der Ausschließung

Pauli blieb aber nicht bei der Ermittlung der vierten Quantenzahl stehen, er verwandelte sie zugleich auch in ein ungemein nützliches Instrument. Mit ihrer Hilfe konnte er nämlich vorschlagen, wie ein zwar scheinbar triviales, in Wahrheit aber fundamentales Problem der Physik (und der Philosophie) zu lösen sei. Die von ihm anvisierte uralte Frage lautete, warum Materie undurchdringlich ist, »warum sich kein Körper dort befinden kann, wo bereits ein anderer ist«, wie es die Physiker des 19. Jahrhunderts zu formulieren pflegten. Die Antwort gibt das, was heute als Pauli-Prinzip oder als Ausschließungsprinzip bekannt ist. Pauli konstatierte im Anschluss an seine Aufdeckung der vierten Quantenzahl, dass keine zwei Elektronen (in einem Atom) denselben Zustand einnehmen können; sie müssen sich in mindestens einer Quantenzahl unterscheiden. In seinen eigenen Worten: »Es kann niemals zwei oder mehrere äquivalente Elektronen im Atom geben, für welche… die Werte aller Quantenzahlen… übereinstimmen. Ist ein Elektron im Atom vorhanden, für das diese Quantenzahlen… bestimmte Werte haben, so ist dieser Zustand ›besetzt‹« (EM, 193).

Pauli selbst gibt in seinen grundlegenden Arbeiten von 1924/25 zwar zu, dass er »eine nähere Begründung für diese Regel… nicht geben« kann. Er betont jedoch, dass sie sich »von selbst als sehr naturgemäß darzubieten« scheint, und zwar deshalb, weil mit ihrer Hilfe ausgeschlossen ist, dass in einem Atom alle Elektronen das Gleiche tun und es zu einem dichten Gedränge auf den Bahnen kommt, die dem Kern am nächsten sind. Mit anderen Worten, das Pauli-Prinzip bzw. das Pauli-Verbot zwingt den Atomen bzw. den sie umgebenden Hüllen aus Elektronen eine bestimmte Form auf und erlaubt auf diese Weise eine Erklärung für den Aufbau des Periodensystems der Elemente. Das Pauli-Prinzip liefert auch die Basis für die Möglichkeit der chemischen Bindung, die bevorzugt von Atomen eingegangen wird, bei denen außen einzelne Elektronen unterwegs sind. Das einfachste Beispiel ist Wasserstoff (H), bei dem sich nur ein Elektron findet. Wenn zwei Wasserstoff-Atome zusammengeführt werden, entsteht das Wasserstoff-Molekül (H_2), dessen Stabilität durch die vierte Quantenzahl verständlich wird. Die beiden Elektronen des Wasserstoff-Moleküls unterscheiden sich in dem Spin, und dabei gelangt das ganze System in einen Zustand, der bevorzugt ist gegenüber den isolierten Atomen.

Als Pauli einen Sonderdruck seiner Arbeit mit dem Ausschließungsprinzip an den 1880 in Wien geborenen Physiker Paul Ehrenfest schickte, hatte er als Bemerkung »Das ist eine scheußliche Arbeit!« hinzugefügt (EM, 46), vermutlich weil er selbst wenig Respekt vor seinem Prinzip hatte und immer noch befürchtete, dass es sich als Unsinn herausstellen würde. Doch bald zeigte sich die »Schönheit und Rätselhaftigkeit« von Paulis Prinzip, wie Ehrenfest einmal überzeugend dargestellt hat (EM, 44f.):

»Auf den ersten Blick scheint das *Pauli*-Verbot allein solche Leute was anzugehen, die sich mit der Elektronen-Verteilung in *Bohr'schen* Atomen beschäftigen oder mit deren Spektren… Aber dieses so esoterisch aussehende Prinzip kann mitten in unsere Alltags-Welt hinein greifen! Es ist reizvoll, sich das an einem einfachen Beispiel deutlich zu machen.

Wir nehmen ein Stück Metall in die Hand. Oder einen Stein. Schon ein wenig Nachdenken macht uns erstaunt, dass dieses Quantum Stoff nicht einen viel geringeren Raum einnimmt. Denn wohl liegen die Moleküle schon ganz dicht aufeinander gepackt. Und ebenso die Atome im Molekül. Gut. Aber warum sind die Atome selber so dick?

Betrachtet man zum Beispiel das *Bohr'sche* Modell für ein

Blei-Atom. Warum laufen von den 82 Elektronen des Atoms nur so ganz wenige auf den Quantenbahnen *dicht* um den Kern, alle anderen aber in immer weiteren und weiteren Bahnen? Die Anziehung von den 82 positiven Ladungseinheiten des Atomkernes ist doch so mächtig. Viel mehr von den 82 Elektronen könnten sich also auf die inneren Quantenbahnen zusammenziehen, ehe ihre wechselseitige Abstoßung zu groß wird. Was hindert dann also das Atom, sich in dieser Weise kleiner zu machen?! Antwort: Nur das *Pauli*-Verbot: Keine zwei Elektronen im selben Quantenzustand. Darum also sind die Atome so unnötig dick, darum der Stein, das Metallstück so voluminös! Sie müssen zugeben, Herr Pauli: Durch eine *partielle* Aufhebung Ihres Verbotes könnten Sie uns von gar vielen Sorgen des Alltags befreien: z.B. von den Verkehrsproblemen unserer Straßen.«

Individuell oder kollektiv

So hilfreich Paulis Vorschlag offenbar ist, so deutlich wird auch, dass mit seiner Erklärung neue Fragen auftauchen. Das von ihm entdeckte Verbot macht aus Elektronen – allgemeiner: aus Teilchen mit Spin – so etwas wie Individualisten, die sich durch ihre ganz persönliche Kombination von Quantenzahlen auszeichnen. Nun gibt es aber auch – wie sich in Experimenten bald herausstellte – Teilchen ohne die letztlich unanschauliche Zweideutigkeit, und das bekannteste Beispiel sind die quantenhaften Bestandteile des Lichts, die man seit Einsteins Zeiten Photonen nennt. Lichtteilchen haben keinen Spin, was bedeutet, dass für sie das Pauli-Verbot nicht gilt. Dies hat zur Folge, dass alle Photonen in ein und demselben Zustand sein und sich folglich als Kollektiv bewegen können. Diese Gemeinschaft von Partikeln, die auf jede Individualität verzichten, ist uns im Alltag wohl bekannt. Wir nennen sie Lichtstrahl.

»Dies hat zur Folge« – das sagt sich zwar leicht, aber welche Kausalitäten da am Werk sind, bleibt bis heute unverstanden. Klar ist nur, dass tatsächlich der Spin darüber entscheidet, ob sich Partikel atomarer Größenordnung kollektiv zusammenfinden und mikroskopische Wirkungen hervorbringen, oder ob sie individuell durcheinander laufen und nur mikroskopische Effekte produzieren. Dieser Zusammenhang zeigt sich am Beispiel der so genannten Supraleitung, die bei tiefen Temperaturen beobachtet werden kann. Dieser Effekt zeigt sich im völligen Verschwinden von elektrischem Widerstand. Ein Strom, der in einem supraleitenden Metall fließt, erfährt keinerlei Abschwächung und kreist ohne Unterlass. Noch zu Paulis Lebzeiten wurde entdeckt, dass ein Metallgitter in der Lage ist, bei ausreichend tiefen Temperaturen so viel Druck auf die Elektronen auszuüben, dass sie sich paarweise zusammenfinden. Diese Elektronenpaare bilden so etwas wie neue Elementarteilchen, und sie unterscheiden sich von den einzelnen Elektronen durch ihren Spin. Die Paare haben nämlich keinen mehr, da sich die Einzelbeiträge aufheben (dank Pauli). Für die Paare gilt jetzt auch kein Ausschließungsprinzip mehr, sie können alle dasselbe tun, und heraus kommt der makroskopische Effekt, den man Supraleitung nennt.

Doch so schön diese Erklärung auch ist, so geheimnisvoll bleibt doch der Zusammenhang, den sie zeigt. Was haben der Spin und die Besetzung der möglichen Zustände miteinander zu tun? Allgemeiner gefragt: wieso bestimmt der Spin die Statistik der Elementarteilchen? In dieser Frage wird unter Statistik die Verteilung der Partikel und ihre Abzählung verstanden, und sie hat Pauli das ganze Leben hindurch beschäftigt. Eine einfache – anschauliche – Antwort ist nicht gefunden worden, und an dieser Stelle kann nur auf die entsprechenden Lehrbücher der Physik hingewiesen werden, die sich um dieses Thema unter dem Stichwort der Quantenfeldtheorie bemühen.

Die psychologische Zweiwertigkeit

Wir wollen die theoretischen Details nicht weiterverfolgen, da es hier weniger um konkrete physikalische Anwendungen und mehr um die philosophische oder psychologische Dimension gehen soll, die hinter dem Pauli-Prinzip und der vierten Quantenzahl steckt. Belassen wir es bei Paulis Ansicht, dass damit eine »klassisch nicht beschreibbare Art von Zweideutigkeit« gemeint ist, dass also der Spin eine nicht anschaulich erfassbare Qualität von Elektronen und anderen Materiepartikeln darstellt, während die den Lichtteilchen fehlt. »Spin« lässt sich als Größe charakterisieren, die zwei Werte annehmen und zum Beispiel zu unterschiedlichen Energien in einem Magnetfeld führen kann (so wurde sie schließlich entdeckt).

Diese Zweideutigkeit oder Zweiwertigkeit ist allein deshalb klassisch nicht beschreibbar, weil es sie in der gewöhnlichen Anschauung nicht gibt. Wer kleine Kügelchen als klassische Teilchen abzählt, hat es mit einer

einzigen Sorte zu tun. Wer hingegen Partikel als nichtklassische Teilchen abzählt, hat es mit zwei Sorten zu tun – eine mit Spin und eine ohne. Die mit Spin verhält sich individuell, die ohne Spin zeigt sich als Kollektiv.
Nun leuchtet es zwar ein, dass es unsinnig ist, bei Holzkugeln oder Glasmurmeln von Neigungen zu individuellem oder kollektivem Verhalten zu sprechen, doch fällt auf, dass die beiden verwendeten Begriffe sehr wohl Verwendung finden, wenn sie sich auf belebte bzw. beseelte Körper beziehen. Gemeint sind Menschen, und jeder von uns wird jemanden kennen, der sich leicht als Individualist erkennen lässt oder der dazu tendiert, sich konformistisch zu verhalten. Hier deutet sich eine Beziehung zwischen Physik und Psychologie an, die Pauli vor allem in seinem Dialog mit C. G. Jung erkunden und erkennen wollte und die uns noch beschäftigen wird. Der wichtigste Punkt ist dabei die Zweiteilung, die im Übrigen auf jeder Ebene der Quantenphysik eine Rolle gespielt und ihren zentralen philosophischen Gedanken hervorgebracht hat. Er wurde zwar zuerst von Niels Bohr formuliert, es gibt aber keinen, der diese Idee so sehr verteidigt hat wie Wolfgang Pauli.

Die Idee der Komplementarität

Gemeint ist die Idee der Komplementarität, in der sich die grundlegende Erfahrung der Physiker niedergeschlagen hat, die den Zugang zur Quantenwelt gefunden und dabei ihre Zweiteilung bemerkt haben. Mit dem Wort Komplementarität, in dem das lateinische »completum« und damit das deutsche »Ganze« steckt, bezeichnen sie die Einsicht, dass es zu jeder Beschreibung der Natur bzw. der Wirklichkeit ein zweite gibt, die ihr auf den ersten Blick zwar widerspricht, die sie in der Tiefe aber ergänzt. Beide komplementären Beschreibungen gehören zusammen, und erst ihre Verbindung bringt die Möglichkeit, die ganze Welt erkennen zu können.

Die Idee der Komplementarität hat »eine Synthese von entgegengesetzten und einander zunächst widersprechenden Voraussetzungen ermöglicht«, wie Pauli es einmal ausgedrückt hat (PuE, 10–11), der nie müde wurde, ihre »synthetische Kraft« zu bewundern, »welche durch prinzipielle Begrenzungen des Anwendungsbereiches gegensätzlicher Vorstellungen die Widerspruchsfreiheit eines mit diesen operierenden Begriffssystems gewährleistet« (PuE, 10):

»Das in der Physik berühmt gewordene Beispiel zweier einander widersprechender Vorstellungen … ist das des ›Teilchenbildes‹ und des ›Wellenbildes‹. Dass Teilchen keine Wellen und Wellen keine Teilchen sind, lässt sich bereits erkennen, wenn einem Energiestrom eine halbdurchlässige Platte entgegengestellt wird. Besteht dieser Strom aus einem Wellenvorgang oder aus vielen Teilchen, so wird ein bestimmter Bruchteil der Energie an der Platte reflektiert und der Rest hindurchtreten. Was geschieht jedoch, wenn im Fall des Teilchenstroms dessen Intensität so vermindert wird, dass während des Versuches praktisch nur ein einziges Teilchen die Platte trifft? Dieses wird im Gegensatz zum Fall des Wellenvorgangs als unteilbares Individuum entweder durch die Platte hindurchtreten oder von ihr reflektiert werden, aber sicher nicht auf beiden Seiten der Platte zugleich erscheinen können. Der Unterschied der Konsequenzen

beider Bilder ist also ebenso unüberbrückbar wie der analoge Unterschied der beiden logischen Relationen ›entweder–oder‹ und ›sowohl–als auch‹.
Dennoch hat sich empirisch herausgestellt, dass das Licht sowohl Eigenschaften hat, die sich nur mit Hilfe des Wellenbildes, als auch andere, die sich nur mit Hilfe des Teilchenbildes beschreiben lassen. Zu den ersteren gehören die heute bereits klassisch gewordenen Interferenz- und Beugungserscheinungen, [und] ein besonders auffallendes Beispiel einer Erscheinung, für deren Deutung das Teilchenbild das naturgemäße ist, bildet andrerseits der lichtelektrische Effekt, der in der Auslösung von Elektronen an einer Metallplatte durch Licht besteht« (PuE, 11).

Zwei Bilder – zwei Theorien

Die Dualität der Bilder ist den Physikern schon um 1905 aufgefallen, und zwar zunächst beim Licht. Es war Einstein, der damals erkannte, dass die Wellentheorie des Lichtes, die sich im 19. Jahrhundert glänzend und überzeugend durchgesetzt hatte, nur die halbe Wahrheit sein konnte. Bald erwies sich, dass tatsächlich Elektronen Wellencharakter zeigen, und die Idee der Komplementarität reifte heran. Sie drängte sich den Physikern – zumindest Pauli und Bohr – geradezu auf, als mit Heisenbergs und Schrödingers Hilfe in den Jahren 1925 und 1926 plötzlich zwei (!) mathematische Beschreibungen der Atome verfügbar waren, die eine völlig andere Sprache benutzen, die aber trotzdem zu denselben Ergebnis-

sen führten – und folglich äquivalent waren, wie Pauli sofort bewies.
Wo immer man hinschaute, was immer man auch tat, zuletzt lief alles auf eine Zweiteilung hinaus, und Pauli erkannte damals die große Aufgabe des abendländischen Geistes. Er »muss die durch die Idee der Komplementarität vorgezeichnete Mitte einhalten«. Bohrs besondere Methode, Wissenschaft zu treiben, die Pauli in seiner oben zitierten autobiographischen Skizze anspricht, bestand genau in dieser Anstrengung. Um sie geht es bis heute.

Zwischenmenschliches

Die in Brüssel abgehaltene Solvay-Konferenz des Jahres 1927 (s. nächste Seite) ist unter Physikern berühmt geworden, weil bei dieser Gelegenheit Einstein seinen weltbekannten Einwand gegen die neue Physik und ihre statistische Grundlegung erhob, der zufolge es im Innersten der Welt vor allem Wahrscheinlichkeiten gibt und deterministische Naturgesetze hier nichts zu suchen haben. »Gott würfelt nicht«, rief er den Vertretern und Verfechtern der Quantentheorie zu, um anschließend kopfschüttelnd Platz zu nehmen.

Am Abend kam es dann zu einer ausführlichen Diskussion unter den Teilnehmern und über Fragen der Religion und die Rolle, die Gott für einen Wissenschaftler des 20. Jahrhunderts spielt. Hieran haben sich vor allem Werner Heisenberg und der ebenfalls mit dem Nobelpreis ausgezeichnete Engländer Paul Dirac beteiligt. Pauli sagte lange Zeit nichts und hörte schweigend zu, wie auf der einen Seite Heisenberg redegewandt sein Verständnis für religiöse Bedürfnisse der Menschen darlegte, während Dirac aus seiner Abneigung gegen den kirchlichen Klimbim keinen Hehl machte und ausführlich für den Standpunkt argumentierte: »Religion ist Opium für das Volk.« An einem Punkt seiner Ausführungen ergriff plötzlich Pauli das Wort, und er sagte: »Jetzt verstehe ich, was er sagt. Dirac verkündet uns, ›Es gibt keinen Gott, und ich bin sein Prophet.‹«

Teilnehmer der fünften Solvay Konferenz im Jahr 1927:
Erste Reihe (v. l.): I. Langmeir, M. Planck, M. Curie, H. A. Lorentz, A. Einstein, P. Langevin, Ch. E. Guye, C. T. R. Wilson, O. W. Richardson.
Zweite Reihe (v. l.): P. Debye, M. Knudesen, W. L. Bragg, H. A. Kramers, P. A. M. Dirac, A. H. Compton, L. V. De Broglie, M. Born, N. Bohr.
Dritte Reihe (v. l.): A. Piccard, E. Henriot, P. Ehrenfest, E. Herzen, Th. de Donder, E. Schrödinger, E. Verschaffelt, W. Pauli, W. Heisenberg, R. H. Fowler, L. N. Brillouien.

(Foto: Benjamin Croupie, Bruxelles)

Der schwache Linkshänder

Die Zahl Zwei und die mit ihr mögliche Symmetrie, deren Spannung der Gedanke der Komplementarität erfasst und ausdrückt, erlauben den wahrscheinlich besten (einfachsten?) Zugang zu Paulis Leben und Denken. Wer Paulis Spuren folgen will, wird immer nach Zweiteilungen und deren Ausgleich suchen müssen. Gemeint sind zum Beispiel die Gegenüberstellung von Innen und Außen und das Nebeneinander von Tag- und Nachtseite, und gemeint sind darüber hinaus die Verbindungen von Physik und Psychologie und das Wechselspiel von bewussten und unbewussten Kenntnissen. Was Menschen tun und getan haben, muss und musste im Einklang (!) mit dieser Zweiteilung gedacht sein. Einseitigkeiten würden immer überwunden durch Gegenwirkungen, die von Natur aus eines Tages auftauchen und spürbar werden würden. Der Ort des Menschen ist die Mitte zwischen den Gegensätzen, die er aushalten muss, wie Bohr es Pauli gelehrt hat. In ihm verbinden sich Innen und Außen, und zwar mit Hilfe der Stelle oder Qualität, die Menschen früherer Epochen als Seele bezeichnet und ganz selbstverständlich verstanden haben.

Zwei ziemlich erfolglose Wetten

Selbst wenn die Zwei als Schüsselzahl in Paulis Leben erkennbar wird – neben der Vier und der 137 –, so scheint es doch nicht viel mehr als ein Zufall zu sein, dass gerade zwei Wetten bekannt sind, die Pauli in seinem Leben abzuschließen bereit war und die von physikalischen Tatbeständen handeln. Die erste Wette hat er verloren, und die zweite hätte er verloren, wenn jemand bereit und kühn genug gewesen wäre, seiner Behauptung etwas entgegenzuhalten.

In beiden Fällen geht es um einen Vorgang im Bereich der Atome, den man aus historischen Gründen Beta-Zerfall nennt – er ist eben nach dem Alpha-Zerfall und vor den Gamma-Strahlen entdeckt worden. Von dem Beta-Zerfall ist heute bekannt, dass er durch die sogenannte schwache Kernkraft bedingt wird, die zu den vier (!) Grundkräften gehört, mit denen die Physiker meinen, die Natur der Wirklichkeit begreifbar machen zu können. Paulis erste Wette hat mit dem Neutrino zu tun, das bei dem schwachen Zerfall auftreten soll, und Paulis zweite Wette hat mit der Symmetrie des ganzen Vorgangs zu tun, die er höher einschätzte, als sie in Wirklichkeit ist. Wir wollen uns die beiden Wetten nun im Einzelnen anschauen, zwischen denen im Übrigen knapp dreißig Jahre liegen, also der Zeitraum, den man gewöhnlich eine Generation zu nennen pflegt oder der die Spanne ausmisst, die als aktives Leben bezeichnet werden kann. Bei der ersten Wette war Pauli schon kein Wunderkind mehr, und bei der zweiten Wette stand er auf der Höhe seines Ruhmes (unter Fachleuten). Er galt immer noch als großer Mann der Physik, wobei seine damals 57 Lebensjahre es verbieten, dem »groß« das sonst traditionell mitbenutzte Attribut »alter« hinzuzufügen.

Zuerst befinden wir uns im Jahre 1930, in dem Pauli in dem zitierten Brief an die »lieben Radioaktiven« die Existenz des Neutrinos postulierte, wie man knapp und bündig sagen könnte. Doch bei diesem Satz muss man vorsichtig sein und sich den damals erreichten und bis heute geltenden Stand der Physik klar vor Augen halten, um die eigentliche Problematik nicht zu verpassen. Im Jahre 1930 gab es schon die neue Quantenmechanik mit all ihren mathematischen und philosophischen Besonderheiten, die mit Sicherheit Pauli vollkommen gegenwärtig waren. Eine der grundlegenden Einsichten bestand darin, dass die atomare Wirklichkeit wenig mit der dinglichen Realität zu tun hat, die konkret sichtbar wird und uns greifbar vor Händen liegt. Atome sind alles Mögliche, nur keine anschaulichen Dinge mit anschaulichen Qualitäten mehr. Was aber für Atome gilt, trifft erst recht für ihre Untereinheiten zu. Ein Neutrino ist nicht irgendein winziges Kügelchen mit definiertem Radius, das an einem bestimmbaren Ort entsteht und dann im Universum seine Bahn zieht. Bei einem Neutrino handelt es sich vielmehr um eine mehr oder weniger raffinierte Ergänzung der physikalischen Palette, die einem materiell messbaren Vorgang – den Beta-Zerfall radioaktiver Atome – die eine Form von Symmetrie bzw. ein Gleichgewicht gibt, ohne die Physiker (und andere Menschen) nicht in der Lage wären, ihn zu erfassen. Die Idee der Symmetrie ist dabei zeitlich gemeint, was konkret bedeutet, dass es eine erkenn- und formulierbare Balance (Gleichheit) physikalischer Eigenschaften vor und nach dem radioaktiven Prozess gibt.

Das gerade Gesagte hängt eng mit dem Pauli-Prinzip zusammen. Dem hier formulierten Verbot zufolge ist es nicht nur ausgeschlossen, Elementarsysteme wie Elektronen zu kennzeichnen. Es ist darüber hinaus sogar ausgeschlossen, sich die »Bausteine« der Materie gekennzeichnet zu denken. Die Mitwirkenden auf der atomaren Bühne verfügen über keine Individualität in dem Sinne, in dem dies zum Beispiel ein Mantel tut. Wer seinen Mantel an einer Garderobe abgibt, kann genau denselben später wieder zurückbekommen. Bei Elektronen oder Neutrinos ist dies ausgeschlossen. Sie haben nichts mit dem zu tun, was sich derjenige vorstellt, der das Wort »Teilchen« benutzt – etwa in der Form von »Elementarteilchen« – und dabei meint, etwas anzusprechen, das klar umgrenzt, deutlich begrenzt und einfach zu fassen ist.

Tatsächlich besteht im wissenschaftlichen Rahmen die nahezu einzige Möglichkeit, sich den Atomen und ihrer Struktur mit physikalischen Mitteln zu nähern, darin, sein Vertrauen auf die traditionellen Erhaltungssätze der Physik zu bewahren. Bei allen Wechselwirkungen mit all ihren Reaktionen und Verwandlungen – so hatte eine jahrhundertelange Erfahrung gezeigt und so ließ sich auch mathematisch überzeugend plausibel machen – bleiben einige grundlegende Qualitäten erhalten. Gemeint sind zum Beispiel die Energie und der Impuls. Im Grund zweifelte niemand, dass sich an ihrer Gültigkeit etwas ändern würde, wenn man sich den Atomen und ihren Struktureinheiten zuwandte. Zwar ließ sich zum Beispiel die Frage »Was ist Energie?« nicht so ohne weiteres beantworten wie die Frage »Was ist Wasser?«, aber das mit »Energie« gemeinte Etwas ließ sich zum einen genau messen – dabei zeigte sich seine Konstanz –, und es erlaubte zum zweiten eine mathematische Formulierung der Vorgänge – und zwar in Form von Gleichungen, mit der die schon erwähnte Symmetrie ausgedrückt wird, da die Energie nach dem Zerfall gleich der Energie vor dem Zerfall bleibt.

Die experimentelle Untersuchung von Atomen erfolgte – außer im Rahmen der geschilderten Spektroskopie – mit Hilfe eines Phänomens, das am Ende des 19. Jahrhunderts entdeckt und »Radioaktivität« getauft worden war. Was heute eher als (gesellschaftliches) Risiko gesehen wird, galt damals vor allem als (wissenschaftliche) Chance. Mit der radioaktiven Verwandlung ließen sich Atome analysieren, denn – so zeigten Analysen vor allem von Pierre und Marie Curie – bei diesem spontanen Vorgang werden Strahlen frei, die ihrerseits physikalisch wirksam und somit aktiv sind. Der neuseeländische Physiker Rutherford bemerkte bald, dass sich bei den austretenden Strahlen mehrere Arten unterscheiden lassen, und er taufte sie nach dem griechischen Alphabet: Alpha, Beta, Gamma. Bald zeigte seine noch genauere Analyse, dass die Beta-Strahlen aus den bereits bekannten Elektronen bestanden, und Lise Meitner bewies schließlich, dass diese Elektronen aus dem Atomkern kamen. Sie kamen von innen und entstanden nicht außen.

Die neutrale Transmutation

An dieser Stelle muss erwähnt werden, dass Pauli das Thema der Radioaktivität über die physikalischen Zusammenhänge hinaus interessiert hat, und zwar aus mehreren Gründen. Zum einen erreicht dieser spontane

Zerfallsprozess ganz von alleine das, was Alchemisten jahrhundertelang probiert haben, nämlich »die Transmutation eines chemischen Elements«, wie Pauli die Radioaktivität C. G. Jung gegenüber erläutert hat (WB IV-I, 194). Dies mag zwar banal klingen, doch für Pauli erheben sich an dieser Stelle mehrere Fragen. Zum Beispiel: Warum haben die Alchemisten die dazugehörigen Ideen von Atomen und Elementarteilchen nicht entwickelt? Welches Naturbild haben sie stattdessen geformt, und welchen Preis muss die moderne Wissenschaft zahlen, um zu bekommen, was ihre Vorgänger sich nicht leisten konnten?

Die letzte Frage ist für Pauli deshalb selbstverständlich, weil sein fühlendes Denken und denkendes Fühlen von Zweiteilung und Komplementarität durchzogen ist, und in diesem Kontext ergibt sich selbstverständlich, dass die modernen Forscher unbewusst weiterführen, was die Alchemisten bewusst getrieben haben, und dass es auch ein gültiges Gegenstück zu diesem Satz gibt. Die Alchemie ist nur als sichtbare (bewusst und gezielt praktizierte), nicht aber als unsichtbare (unbewusst und unvermeidlich wirkende) Methode verschwunden.

Spannender noch als diese Suche nach dem verbindenden Gedanken zwischen heutiger Kernchemie und ehemaliger Alchemie ist Paulis Bemühen, eine psychologische (innere) Entsprechung für den (äußeren) Vorgang des atomaren Zerfalls zu finden, wobei nun das Wort vom *Wandel* seine besondere Bedeutung bekommt. Ein Problem, die angestrebte Übereinstimmung zu formulieren, besteht darin, dass die wissenschaftliche Sprache seit dem 17. Jahrhundert fein säuberlich zwischen materiellen und geistig-seelischen Abläufen trennt. Die Philosophie nennt dies den kartesischen Schnitt, weil es

René Descartes war, der zwischen den äußerlich vorhandenen und sinnlich zugänglichen Dingen *(res extensa)* und den innerlich verfügbaren und gedanklich zu bewegenden Dingen *(res cogitans)* unterschied und die beiden damit bezeichneten Bereiche scharf trennte. Seitdem stehen wir als Beobachter einer beobachtbaren Welt gegenüber, die deswegen auch voller Gegenstände ist, die wir wissenschaftlich untersuchen.

Mit anderen Worten, wer psychische und physische Abläufe vergleichen und aus einer Wurzel verstehen will, kann keine gegebene Sprache – weder eine Fach- noch die Alltagssprache – verwenden. Er ist gezwungen, eigene Ausdrücke zu finden, und Pauli hat genau dies versucht. Er hat sich um eine »neutrale Sprache« bemüht, die wie sein »Neutrino« für einen Ausgleich sorgen soll, denn »neutral« meint, dass die Sprache versucht, die Mitte zwischen der geistigen und der materiellen Sphäre zu halten.

Der an sich materiell verstandene Prozess der »Radioaktivität« könnte in der neutralen Sprache so ausgedrückt werden (WB IV-1, 215):

»Ein schließlich zu einem stabilen Zustand führender Prozess der Umwandlung eines aktiven Zentrums ist begleitet von sich vervielfältigenden (›multiplizierenden‹) und ausbreitenden, mit weiteren Umwandlungen verbundenen Erscheinungen, die durch eine unsichtbare Realität vermittelt werden.«

Die psychologische Interpretation dieses neutralen Ausdrucks wird an anderer Stelle unternommen, da es zunächst gilt, zur Physik zurückzukehren, also in die Zeit um 1930, als unklar war, was im aktiven Kern eines Atoms – nicht einer Person – vor sich geht, wenn es zur Wandlung kommt.

Mit dem beobachteten und bereits erwähnten kontinuierlichen Beta-Spektrum war eine verrückte Situation aufgetreten, und zwar deshalb, weil die Physiker damals felsenfest davon überzeugt waren, dass die Welt aus drei sogenannten Elementarteilchen besteht, und zwar den negativ geladenen Elektronen und den positiv geladenen Protonen, aus denen die Materie bestand, und den neutralen Photonen, aus denen das Licht bestand. Ein Atomkern setzte sich in diesem Bild aus Protonen zusammen, während die Elektronen die Atomhülle bildeten. Man war mit diesem einfachen Bild zufrieden und musste nun erleben, dass es – in nahezu jeder Hinsicht – falsch war. Denn woher sollten dabei die Elektronen gekommen sein, die während des Beta-Zerfalls aus dem Kern geschleudert wurden?

Diese Frage konnte erst nach 1932 zufriedenstellend geklärt werden, als klar geworden war, dass die Materie – in der naiven Fachsprache vor dem Verlust der Anschaulichkeit – mindestens noch ein drittes Teilchen beherbergte, das elektrisch neutral war und deshalb Neutron hieß. Die Neutronen bildeten zusammen mit Protonen den Kern, und mit diesem Bild konnte man sich vorstellen, dass ein Elektron in der Mitte eines Atoms entstehen könnte, und zwar dann, wenn ein Neutron in ein Elektron und ein Proton zerfällt.

Dies konnte Pauli im Jahre 1930 noch nicht wissen, aber selbst mit dieser Information wäre das Problem bestehen geblieben, das ihn beschäftigte. Es steckte in der Energie der Elektronen, die beim Beta-Zerfall auftraten. Sie zeigte den Messungen Lise Meitners zufolge keinen festen Wert, wie es im Rahmen der Quantentheorie zu erwarten war, die doch Atome durch deren stationäre Zustände erfasste und sie mit diskreten Quantenzahlen versah. Allen Erwartungen zum Trotz zeigten die beim Beta-Zerfall nachweisbaren Elektronen ein kontinuierliches Energiespektrum, und nachdem alle Physiker lange über dieses Thema gebrütet hatten und alle experimentellen Eventualitäten berücksichtigt zu sein schienen, »waren nur noch zwei theoretische Möglichkeiten zur Deutung des kontinuierlichen Beta-Spektrums übrig geblieben«, wie Pauli die Situation einmal persönlich zusammengefasst hat (PuE, 158):

»1. Die Erhaltung der Energie gilt bei derjenigen Wechselwirkung, die zur Betaradioaktivität Anlass gibt, nur statistisch.

2. Der Energiesatz gilt streng bei jedem primären Einzelprozess [bei jedem Zerfallsereignis], doch wird hierbei zugleich mit den Elektronen noch eine andere, sehr durchdringende Strahlung emittiert, die aus neuen, neutralen Teilchen besteht«, eben den Neutrinos.

»Die erste Möglichkeit wurde von Bohr vertreten, die zweite von mir«, wie Pauli betonte, und er sollte Recht behalten, wie die weitere Geschichte der Physik gezeigt hat. Dabei hat er eine Zeit lang nachhaltig über »die Möglichkeit eines Versagens des Energiesatzes für die Elektronen in Kern nachgedacht« und in einem Brief vom Dezember 1930 an den Physiker Oskar Klein ausführlich dazu Stellung genommen (PuE, 435):

»Ich kann mich vorläufig nicht entschließen, an ein Versagen des Energiesatzes ernstlich zu glauben, und zwar aus folgenden Gründen (von denen ich natürlich zugebe, dass sie nicht absolut zwingend sind).

Erstens scheint es mir, dass der Erhaltungssatz für [die

Energie], dem für die Ladung doch sehr weitgehend analog ist und ich keinen theoretischen Grund dafür sehen kann, warum Letzterer noch gelten sollte (wie wir es ja empirisch für den Beta-Zerfall wissen), wenn Ersterer versagt. Zweitens müsste bei einer Verletzung des Energiesatzes auch mit dem Gewicht etwas sehr merkwürdiges passieren. Denke Dir einen geschlossenen Kasten, in welchem [Atome] radioaktiv zerfallen; die Beta-Teilchen mögen dann irgendwie an der Wand absorbiert werden und den Kasten nicht verlassen können. Einzelbeobachtungen darüber, was im Kasten vor sich geht, mögen nicht gemacht werden, es möge nur das Gesamtgewicht des geschlossenen Kastens (beliebig genau) festgestellt werden. Wenn der Energiesatz beim Beta-Zerfall nicht gelten würde, müsste das Gesamtgewicht des geschlossenen Kastens sich dabei ändern (dieser Schluss scheint mit ganz zwingend). Dies widerstrebt meinem physikalischen Gefühl auf das Äußerste!« – so Pauli, der diese psychische Qualität des Menschen und ihren Beitrag zur Erkenntnis nie unterschätzte.

Der oben gegebene Hinweis, dass Neutrinos die Eigenschaft haben, »sehr durchdringend« zu sein, kann negativ so ausgedrückt werden, dass man sagt, Neutrinos sind sehr schwer aufzufangen und also sehr schwer nachzuweisen. Aus diesem Grund hat Pauli die Möglichkeit ins Auge gefasst, dass die Neutrinos – obwohl sie physikalisch real sind – selbst den raffiniertesten und empfindlichsten Detektoren entgehen könnten. Frecherweise hat er gewettet, dass seine hypothetischen Neutrinos nicht nachweisbar sind – und er hat verloren, wie er bereitwillig zugab, als es den Amerikanern F. Reines und C. Cowan gelang, Neutrinos in ihren komplizierten und vielfach vernetzten Detektoren zu zählen (EM, 480).

Was dem Neutrino im Zusammenhang mit Pauli und seinen zahlenmystischen Neigungen einen besonderen Reiz gibt, kommt daher, dass man es als ein viertes (!) Teilchen deuten kann, das sich als Teil der Materie bemerkbar macht. Der Beta-Zerfall stellt sich nämlich heute so dar, dass ein Neutron instabil ist und in ein Trio aus Proton, Elektron und einem Neutrino zerfällt.[9] Die Kraft, die dazu nötig ist, nennen die Physiker die schwache Kernkraft, und zwar deshalb, weil sie zum einen nur innerhalb eines Atomkerns spürbar ist, und weil sie zum zweiten schwächer ist als die Kraft, mit deren Hilfe die Protonen und Neutronen als Kern zusammengeschweißt werden. Diese zweite Kernkraft, deren Reichweite ebenfalls nicht über das Innere eines Atoms hinausreicht, wird entsprechend mit dem Attribut »stark« belegt, was allein deshalb gerechtfertigt ist, weil sie die elektrische Abstoßung übertreffen muss, die zwischen den positiv geladenen Protonen zur Wirkung kommt.

Damit ist eine dritte Wechselwirkung genannt. Insgesamt unterscheiden die Physiker heute vier (!) Kräfte, die für den Aufbau der Welt verantwortlich sind. Neben den beiden genannten Kräften mit begrenztem Einflussgebiet kennt man noch zwei mit unbegrenzten Auswirkungen, und zwar die Gravitationskraft, die für die gegenseitige Anziehung der Materie sorgt, und die bereits erwähnte elektromagnetische Kraft, die bei Ladungen und Strömen ins Spiel kommt. Die schwache Kernkraft macht dabei den seltsamsten Eindruck, da sie offenbar nur für die Instabilität der Materie zuständig ist, die sich in Form von radioaktiven Zerfallsprozessen zeigt. Die starke Kernkraft hält die Materie zusammen, die elektromagnetische Kraft sorgt unter anderem für elektrische Ströme und magnetische Felder, die Schwerkraft hält das Weltall zusammen – und die schwache Kernkraft scheint für ein wenig Auflockerung so sorgen.

Eines der großen Ziele der modernen Physik besteht darin, die vier vorhandenen und real sich auswirkenden Kräfte auf eine einheitliche Form – eine Urkraft – zurückzuführen. Die Suche nach solch einer einheitlichen Theorie hat mit Einstein begonnen, der nicht nur sein Gravitationsfeld bzw. Schwerefeld verallgemeinern, sondern eine umfassende Feldphysik errichten wollte. Einstein hoffte bis zum Ende seines Lebens vergebens, die ihn störenden Seltsamkeiten der Quantentheorie durch die Rückkehr zu einer klassischen Feldphysik aus der Welt schaffen zu können, die Pauli als »ausgequetschte Zitrone« abtat. Er war über Einsteins Starrsinn entsetzt, und er scheute sich nicht, das Ganze als »ein neurotisches Missverständnis Einsteins« zu bezeichnen (BtA, 145). Überhaupt griff Pauli Einstein in diesem Zusammenhang ziemlich rabiat an, indem er ihm vorwarf, seine eigene Physik zu »verraten« (WB I, 527). Er warf Einstein vor, dass er »von der Quantentheorie vorläufig nichts mehr wissen« wollte, und der 29-jährige Pauli fügte voller Sarkasmus hinzu:

»Es bleibt... nur übrig, Ihnen dazu zu gratulieren (oder soll ich lieber sagen: zu kondolieren?), dass Sie zu den reinen Mathematikern übergegangen sind. Ich bin... nicht so naiv, als dass ich glauben würde, Sie würden auf Grund irgend einer Kritik durch andere Ihre Meinung ändern. Aber ich würde jede Wette mit Ihnen eingehen, dass Sie spätestens nach einem Jahr den ganzen [Ansatz][10] aufgegeben haben werden, so wie Sie früher [andere Theorien] aufgegeben haben. Und ich will Sie nicht

Herbst 1926: Albert Einstein und Wolfgang Pauli in gelassenem Gespräch.

durch Fortsetzung dieses Briefes noch weiter zum Widerspruch reizen, um das Herannahen dieses natürlichen Endes [ihres Ansatzes] nicht zu verzögern« (WB I, 527).

Der 50-jährige Einstein antwortete leicht indigniert: »Ihr Brief ist recht amüsant, aber Ihre Stellungnahme scheint mir doch etwas oberflächlich. So dürfte nur einer schreiben, der sicher ist, die Einheit der Naturkräfte vom richtigen Standpunkt aus zu überblicken. Ich behaupte keineswegs, dass der von mir eingeschlagene Weg der richtige sein müsse. Aber ich behaupte wohl, dass es der gedanklich natürlichste Weg ist, der mir bisher zur Kenntnis gekommen ist. Bevor die mathematischen Konsequenzen richtig durchdacht sind, ist es keineswegs gerechtfertigt, darüber wegwerfend zu urteilen. [...] Vergessen Sie, was Sie gesagt haben, und vertiefen Sie sich einmal mit solcher Einstellung in das Problem, wie wenn Sie soeben vom Mond heruntergekommen wären und sich erst frisch eine Meinung bilden müssten. Und dann sagen Sie mir erst etwas darüber, wenn mindestens ein Vierteljahr vergangen ist« (WB I, 528).

Die Suche nach Symmetrien

»Die Einheit der Naturkräfte vom richtigen Standpunkt aus zu überblicken« – das war und ist der Wunsch vieler Physiker, und der Weg, den sie zu diesem Zweck eingeschlagen haben, stellt einen Begriff ins Zentrum, den man aus anderen Zusammenhängen besser kennt. Gemeint ist die Symmetrie, die im Alltag unter anderem bei der Betrachtung von Ornamenten auffällt. Die menschliche Wahrnehmung erkennt leicht, ob ein betrachteter Gegenstand – etwa eine Häuserfassade – symmetrisch ist oder nicht, und es fällt sofort auf, ob zum Beispiel ein Gesicht mehr oder weniger symmetrisch ist.
Im Fall des Gesichtes ist konkret gemeint, ob die rechte und die linke Seite eines Gesichtes vertauscht werden können oder nicht, so wie es der Spiegel tut, in den jemand schaut. Der Begriff der Symmetrie lässt sich aber erweitern und für physikalische Theorien nutzbar machen, wenn man sagt, ein Phänomen oder eine Funktion ist dann symmetrisch, wenn es oder sie durch einen gegebenen Eingriff – zum Beispiel eine Spiegelung – nicht verändert wird. Die Tatsache, dass etwas im Verlauf einer Operation unverändert bleibt, wird in Fachkreisen gerne mit dem Begriff der Invarianz bezeichnet, sodass

die Feststellung, ein Gegenstand sei spiegelsymmetrisch, dasselbe besagt wie die Formulierung, ein Gegenstand bleibe invariant bei Spiegelungen.

Physikalische Grundgleichungen haben sich immer durch eine Symmetrie ausgezeichnet, also dadurch, dass man Koordinaten ändern konnte, ohne dass mit der Gleichung selbst etwas passierte. Die Bewegungsgleichungen von Isaac Newton zum Beispiel sind »zeitumkehrinvariant«, was heißt, dass man die Zeitkoordinate t mit einem negativen Vorzeichen versehen kann, ohne dass sich dabei etwas an den Gleichungen ändert. Und alle Grundgesetze der klassischen Physik bleiben, wie sie sind, wenn man den Anfangspunkt der Zeit (konkret: die Uhrzeit einer Beobachtung) verschiebt. Die Physik muss invariant gegenüber Zeittranslationen sein, wie man sich, etwas kompliziert, ausdrücken kann. Die zuletzt genannte Zeitsymmetrie bringt dabei eine bemerkenswerte Konsequenz mit sich. Die Invarianz der Gleichungen sorgt nämlich zugleich dafür, dass eine physikalisch messbare Größe konstant bleibt, und zwar die Energie. Dieses wunderbare Resultat konnte sogar verallgemeinert werden: Für jede Symmetrie, die einem physikalischen Gesetz innewohnt, gibt es eine messbare Größe, die erhalten bleibt – der Impuls bei der Symmetrie gegenüber einer Verschiebung im Raum, der Drehimpuls bei der Symmetrie gegenüber einer Drehung im Raum, um zwei Beispiele zu nennen.

Pauli war begeistert von diesem inneren Zusammenhang zwischen einer (mathematischen) Symmetrie und einer (physikalischen) Erhaltungsgröße, und sein unbeirrbares Festhalten an der Gültigkeit des Energiesatzes entpuppt sich auf diese Weise als ein unbeirrbarer und tief reichender Glaube an die Bedeutung der Symmetrie.

Tatsächlich drehten die Physiker mit dem erkannten Zusammenhang den Spieß herum, als sie anfingen, die Gleichungen für die unanschaulichen Atome und ihr sicher noch weniger anschauliches Innenleben aufzuspüren. Sie setzten die Konstanz der Erhaltungsgrößen voraus und versuchten, den Gleichungen die symmetrische Form zu geben, die dazugehört. Diese war der Leitfaden zum Finden neuer Gesetze.

Man war es einfach »gewohnt, dass die Naturgesetze eine exakte Symmetrie zeigen«, wie Pauli im August 1957 an C. G. Jung schrieb und dies in drei Punkten genauer ausführte (PJ, 159):

»a) Links-Rechts-Vertauschung = Raumspiegelung (oft mit P bezeichnet, abgekürzt von ›parity‹).
b) Änderung des Vorzeichens der elektrischen Ladung (positive wird mit negativer vertauscht = Ladungskonjugation C von ›charge‹).
c) Umkehr der Zeit, ohne Änderung des Vorzeichens der Ladung (mit T bezeichnet)«,

was natürlich von »time« herkommt, ohne dass Pauli dies ausdrücklich festhält.

Abgesehen davon, dass die Abkürzungen C, P und T auf die verstärkte amerikanische Dominanz in der Theoretischen Physik nach dem Zweiten Weltkrieg hinweist, wird an dieser Stelle sicher die Frage laut, warum Pauli meint, dass seinen Briefpartner Jung diese Darstellung der Symmetrie überhaupt interessiert.

Anlass für das zitierte Schreiben ist eine nicht nur von Pauli, sondern von vielen seiner Kollegen als sensationell empfundenen Entdeckung in der Physik, die es sogar bis auf die Titelseite der New York Times brachte. Am 16. Januar 1957 meldete das Blatt: »Basic concept in physics is reported upset in tests« (PJ, 213). Der Bericht handelte von einem Experiment, das an der Columbia Universität durchgeführt worden war und zeigen konnte, dass bei physikalischen Prozessen, die durch schwache Wechselwirkung möglich werden – wie zum Beispiel der Beta-Zerfall –, die Symmetrie verletzt ist, die Pauli als Parität bezeichnet hat. Konkreter gesagt, die Experimentatoren in New York unter der Leitung von Prof. Chien Shiung Wu – einem »intelligenten und schönen chinesischen Mädchen«, wie Pauli sie Jung vorstellt (PJ, 160) – hatten gezeigt, dass die Neutrinos, die beim Beta-Zerfall von radioaktiven Kobalt-Kernen entstehen, eine Besonderheit aufweisen. Ihr Spin – diese klassisch nicht erfassbare Zweiwertigkeit – verteilt sich nicht symmetrisch auf seine beiden Möglichkeiten, die man in Analogie zu den zwei Händen, die Menschen haben, als rechts- und linkshändig unterscheiden kann. (Der Begriff der Linkshändigkeit hat dabei damit zu tun, dass der Spin der Neutrinos gegen deren Fortbewegungsrichtung zeigt.) Die in New York beobachteten Neutrinos waren vielmehr in ihrer Mehrzahl linkshändig, was Pauli – mit Hinblick auf die Wechselwirkungen – Anlass zu der später viel zitierten Bemerkung gab: »Gott ist doch ein schwacher Linkshänder« (PJ, 161).

Ein seltsamer Befund, wie man sich leicht klarmachen kann, wenn man sich überlegt, was damit gesagt wird:

Das Spiegelbild des Beta-Zerfalls ist ein Vorgang, den es in der Natur selbst nicht geben kann. Das Spiegelbild zeigt etwas, das es nicht gibt.

Ausgangspunkt des New Yorker Experiments mit dem überraschenden Ergebnis war eine Arbeit von den zwei chinesischen Physikern Chen Ning Yang und Tsung Dao Lee. Beide hatten 1956 darauf hingewiesen, dass die drei von Pauli aufgezählten Symmetrien nur vermutet, aber nicht nachgewiesen worden seien. Vor allem bei »den so genannten schwachen Wechselwirkungen, welche die Betaradioaktivität (spontane Elektronenemission aus Kernen ...) und die Reaktionen des Neutrino bestimmen, [sei] ungenügend empirische Evidenz vorhanden«, wie Pauli Jung informierte, um hinzuzufügen,

»ich selbst ... wollte nicht an ein Versagen dieser sonst so allgemein bewährten Symmetrie glauben, zumal kein theoretischer Grund zu sehen war (das ist auch heute noch so), warum gerade die schwachen Wechselwirkungen eine geringere Symmetrie ausweisen sollten.

Da bin ich nun froh, dass ich doch nicht so weit gegangen bin, über den Ausgang der Experimente zu wetten (was einige Physiker taten). Da hätte ich nämlich Gelegenheit gehabt, viel Geld zu verlieren« (PJ, 160).

»So ist es also sicher«, fuhr Pauli fort, »das Gott doch ein schwacher Linkshänder ist – wie ich das gerne ausdrücke –, es ist aber möglich, dass Er in der linken Hand das Positron[11], in der rechten Hand das [Elektron][12] hält. Aber ›Seine Gründe‹ kennen wir nicht.

An eine solche Möglichkeit hatte ich vor Januar dieses Jahres [1957] nicht im Entferntesten geglaubt. Jedoch hatte ich 1954 eine theoretische Arbeit über Spiegelungen verfasst. Sie ist 1958 in einer Festschrift für N. Bohr erschienen [und zwar unter dem Titel »Die Verletzung

der Spiegelungs-Symmetrien in den Gesetzen der Atomphysik«], worin ich unter anderem einen von einem jüngeren deutschen theoretischen Physiker G. Lüders zuerst klar erkannten mathematischen Sachverhalt diskutiert und verallgemeinert habe: die Kombination CPT von allen drei oben erläuterten Symmetrieoperationen ist unter viel allgemeineren Annahmen richtig (d.h. deduzierbar, beweisbar) als die Operationen C, P und T einzeln, für sich genommen.
Meine Arbeit in der Bohrfestschrift wurde seit dem Coup von 1957 sehr modern und das ›CPT-Theorem‹ ist nun in aller Munde« (PJ, 161).

Über die Physik hinaus

Die von Einstein in die Physik eingeführte Tendenz, nach invarianten Formulierungen von physikalischen Gesetzen zu suchen, ist durch Pauli zu dem geworden, was man einen Denkstil in der Theoretischen Physik nennen könnte. Für Pauli stellten die Invarianten – die Erhaltungsgrößen – so etwas wie die Symbole der angestrebten Wahrheit dar, die man nur nach dem Durchdringen der zufällig präsenten Oberfläche der Dinge erahnen konnte. Die Sehnsucht nach Symmetrie und ihre allgemeine Anwendbarkeit in der Wissenschaft durchzog Paulis Bemühen in all seinen Lebensphasen – mit der Konsequenz, dass ihm die Frage, warum er sich zum Beispiel in einer konkreten Phase seines Lebens mit der Spiegelung beschäftige, Anlass zu ernsthaftem Nachdenken gab. Hierin lag auch der eigentliche Grund für das

Schreiben an C. G. Jung, in dem er dem Psychologen – wie zitiert – nur erklärt, welche Symmetrien in der Physik der Atome überhaupt bemerkenswert sind, um seine Antworten auf die Frage zu geben, »wieso ich denn eigentlich 1954/55 darauf gekommen sei, mich mit der Mathematik der Spiegelungen zu beschäftigen.« Es müssen – da ist Pauli sicher – »psychologische Hintergründe bei mir im Spiel gewesen sein«, und nachdem er einen »Schock durch die neuen Experimente über die Verletzung der Spiegelsymmetrie erlitten« hat (PJ, 162), gibt er Freunden gegenüber zu, er habe nicht nur einen »Spiegelkomplex«, sondern zugleich auch die Aufgabe, dessen Natur zu erkennen. Das Mittel, das er dazu benutzt, sind dabei die Träume, die sein Leben so durchziehen wie das wache Nachdenken über die Physik. Er hat sie so ernst genommen wie andere Einfälle, weil sie aus derselben Quelle kamen.

Es gibt zahlreiche Geschichten über die Empfehlungsschreiben, die Pauli für ehemalige Mitarbeiter ausgestellt hat. Sie waren oftmals mehr »Schlechtachten« als »Gutachten«. Der freundlichste Text soll gelautet haben: »Ich habe gegen Herrn XY nichts einzuwenden.«

Einmal wurde Pauli von einem jungen Physiker gebeten, einen Empfehlungsbrief an Einstein zu schreiben, bei dem er seine Arbeit fortsetzen wollte. Pauli schrieb etwa wie folgt:

»Lieber Albert! Ich kann Dir Herrn Dr. X wohl empfehlen, denn er ist ein sehr tüchtiger junger Mann. Er hat nur einen Fehler, nämlich den, dass er manchmal zwischen Mathematik und Physik nicht unterscheiden kann. Das sollte Dir aber nichts ausmachen, denn Du selbst bist ja auch schon fast an diesem Punkt angelangt …«

Der träumende Physiker

Die Verdopplung der Spektrallinien, die Dualität von Welle und Teilchen und die ihr zugehörende Idee der Komplementarität, die klassisch nicht beschreibbare Zweiwertigkeit – wer die physikalischen Themen und ihre philosophischen Lehren, die zu Paulis Leben gehören, Revue passieren lässt, wird immer wieder den Eindruck gewinnen, dass es eine grundlegende Invariante bei aller Variation in den Einzelthemen gibt. Gemeint ist die Zweiteilung oder Dualität, die sich vielfach im Bereich menschlichen Denkens und Tuns zeigt – in der Wissenschaft etwa als grundlegende Trennung zwischen Subjekt und Objekt mit den daraus sich ergebenden folgenreichen Bewertungen »subjektiv« und »objektiv«, im Theater als Trennung in Zuschauer und Mitspieler, in der Religion als Gegenüberstellung von Gott und Teufel bzw. als die dazugehörende Konfrontation des Guten mit dem Bösen, in der Gesellschaft als Spannung zwischen Individuum und Kollektiv und entsprechend in der Ethik als Frage nach dem Nutzen für den Einzelnen oder dem Wohl der Allgemeinheit, in der Philosophie als Frage nach der Verbindung von Körper und Geist. Es gibt noch andere Beispiele, die jeder aus seinen persönlichen Erfahrungen kennt und die sich im privaten Bereich ebenso zeigen wie im öffentlichen Leben. Wer die Zweiteilung für grundlegend hält, wie Pauli es ganz sicher getan hat, und wer darüber hinaus mit einem Verlangen nach Symmetrie begabt ist und einen komplementären Ausgleich als bewegtes Gleichgewicht anstrebt, wie Pauli es ebenfalls ganz sicher getan hat, der darf vor dem eigenen Leben und dem eigenen Denken nicht Halt machen. Er wird neben der vom Bewusstsein erhellten und der Rationalität zugänglichen Tagseite der menschlichen Erkenntnistätigkeit auch die im Dunkeln verbleibende Nachtseite akzeptieren und als dazugehörig anerkennen, wenn sie sich in irgendeiner Form zu Wort meldet und sich als ihm zugehörig zu erkennen gibt.

Pauli lässt sich erzählerisch sehr ausführlich und theoretisch außerordentlich gründlich auf seine Träume ein, und zahlreiche Beschreibungen lassen sich in seinem Wissenschaftlichen Briefwechsel nachlesen. (Listen finden sich in WB IV-1, 933f. und WB IV-II, 1049.) Pauli interpretiert seine Träume gerne und bereitwillig als spontane Manifestationen und Äußerungen des persönlichen Unbewussten, und er hält an dieser Orientierung aus zwei Gründen fest.

Zum einen taucht in seinen Nachtphantasien oft eine Figur auf, die als »dunkle Unbekannte« oder als »Chinesin« beschrieben wird.[13] Sie stellen für Pauli dar, was Jung als unbewusste Seite einer Person beschrieben und im Falle eines Mannes als »Anima« bezeichnet hat. Das entsprechende Seelenbild einer Frau – wenn wir in heterosexuellen Denkformen bleiben - wäre der »Animus«, und aller psychologischen Erfahrung zufolge machen sich diese inneren Gestalten in Träumen und Mythen bemerkbar.

Zum anderen ist das erwähnte Konzept des persönlichen Unbewussten für Pauli nicht irgendein psychologisch angehauchter Fachausdruck, sondern ein großes erkenntnistheoretisches Potential, das in jedem Menschen steckt und von allen genutzt werden kann. Es steht jedem Menschen zur Verfügung, weil es – in der Sicht Paulis, der ein großer Bewunderer Darwins und seiner Idee der Evolution war – Teil unserer Stammesgeschichte ist und schon bei unseren Vorfahren wirksam war. Erkenntnisse werden demjenigen möglich, dem es gelingt, sich dieses innere Reservoir zu erschließen, dessen Inhalte die Urformen menschlicher Erfahrung ausmachen. Allerdings – der Traum selbst und seine Bilder liefern die Einsicht noch lange nicht, denn »das Bewusstsein muss wissenschaftlich modern sein«, wie er häufig betont hat, während »der Traum archaisch bleibt« (WB IV-II, XIX) und die deutende Betrachtung als Ergänzung benötigt.

Das Verlangen nach Symmetrie

Auf Bedeutung und Notwendigkeit von Träumen haben nicht nur Pauli und Jung hingewiesen. Auch der in Basel beheimatete Zoologe Adolf Portmann hat sie angesprochen, als er sich nach dem Zweiten Weltkrieg in einer Vorlesung Gedanken darüber machte, inwiefern »Ästhetisches zur biologischen Erziehung« gehöre. Portmann konnte sich um 1950 nicht des Gefühls erwehren, dass die westliche Zivilisation aus dem Gleichgewicht geraten sei, und er äußerte die Vermutung, dass dies mit verloren gegangenen Symmetrien zu tun habe, nämlich zum einen der zwischen Quantität und Qualität, und zum anderen der zwischen Denken und Träumen. Die westliche Welt lege zu viel Wert auf quantifizierbare Größen (Daten und Messergebnisse), und ihre ganze Erziehung sei auf logische Rationalität und kühle Sachlichkeit ausgerichtet. Viele wichtigen Dinge seien aber nur als Qualität zu erleben und somit ästhetisch zugänglich. Unsere Gesellschaft müsste diese Dimension ebenso lehren und öffnen, wie sie es mit der logischen tut.

Was Portmann vor einem halben Jahrhundert gesagt hat, stellt sich uns heute nach wie vor als dringender Aufgabe. Dies gilt auch für seinen zweiten Wunsch nach Symmetrie, dem Gleichklang der Tag- und Nachtseite. Erst wenn wir gleich stark sind im Träumen wie im Denken – so schrieb Portmann –, kann unsere Kultur zu dem bewegten Gleichgewicht zurückfinden, das sie benötigt, wenn sie Wissenschaft kreativ (und innovativ) betreiben will. Nur dann wird sie nicht gezwungen sein, unentwegt ethische Rechtfertigungen für ihr Tun liefern zu müssen, wie dies inzwischen der Fall ist.

In dem Verlangen nach Symmetrie und in der Zumessung ihrer moralischen Relevanz mit gesellschaftlichen Konsequenzen treffen sich das Denken des Zoologen und die Ansichten des Physikers. Pauli selbst hat immer wieder erläutert und zum Ausdruck gebracht, dass es für ihn »fast ein Dogma [ist], dass Gegensatzpaare symmetrisch behandelt werden müssen (wie in China durch Laotse und in der modernen Physik durch Bohr)« (WB IV-II, 147), und er hat nachdrücklich auf die Folgen hingewiesen, die auf eine Zeit bzw. eine Gesellschaft zukommen, die diesen Grundsatz missachtet und zum Beispiel »das Paar Geist–Materie« einseitig bewertet.

Er führt diesen Punkt zum Beispiel in einem sehr langen Brief an Carl Friedrich von Weizsäcker aus, den er im Juni 1954 schreibt (WM IV-II, 693–698). Hier beklagt sich Pauli unter anderem darüber, dass durch die Schriften und Gedanken der frühchristlichen Theologen wie Augustinus »im Abendland das Gleichgewicht zwischen Geist und Materie gestört« sei, was konkret bedeutet, dass man das Materielle oft mit dem Bösen identifiziert. Als Folge dieser Fehlzuweisung wird nicht mehr bemerkt, dass »in ihr... ein Geist« wohnt. Da die Natur selbst aber nicht so einseitig ausgerichtet, sondern vielmehr symmetrisch angelegt sei, lässt sich verstehen, dass »es im Christentum seit seiner Entstehung *häretische* materiefreundliche Unterströmungen« gebe, »zu denen auch die hermetische« – das heißt alchemistische Richtung – gehöre, ebenso die Kombination aus »Marxismus und Kommunismus«.

Pauli ist offenbar sehr konsequent in seiner Suche nach bzw. in seinem Festhalten an Symmetrie, und er deutet nicht nur individuelle Lebensläufe durch Abweichungen von dieser regulierenden Vorgabe, sondern auch – wie eben in aller Kürze dargelegt – umfassende historische Prozesse. Dabei gewinnt er die Ansicht, dass Symmetrie die Vorbedingung geistiger Entwicklungen ist. Pauli zufolge kann eine Kultur nur florieren, wenn sie ein Gleichgewicht »zwischen dem Geist und der stofflichen Materie« herstellt. Konkret macht dies *»eine Rangerhöhung des weiblichen Prinzips... erforderlich«.* Nur so lassen sich »die Einseitigkeiten eines rein patriarchalischen Zeitalters korrigieren«, wie wir es leider erleben müssen. »In *diesem Zeichen scheint mir unsere Zeit zu stehen* (von der man wohl auch sagen kann, dass es in ihr keine *Ritterlichkeit* gibt).«

Pauli fordert nicht mehr und nicht weniger als eine neue Form der Wissenschaft, die er bislang überwiegend als »ein Produkt des männlichen Bewusstseins« erachtet und nun dringend eine Ergänzung benötigt, die man als »weiblich« bzw. als »feminin« (und nicht feministisch) bezeichnen könnte. Er verwendet »ein Gleichnis aus der... Denkform des alten China ..., um auszudrücken, was ich noch nicht in exakten Begriffen fassen kann: Die beiden Zeichen des I Ging Yang (männlich) und Yin (weiblich) bedeuten ursprünglich einen Berg in der Sonne (Südseite) und einen Berg im Schatten (Nordseite). Wir müssen auf unsere abendländische Weise und mit Hilfe unserer Mathematik (die die alten Chinesen ja nicht kannten) einsehen lernen: es ist nur ein X [mit diesem Buchstaben bezeichnet Pauli das dem Geist und dem Stoff Übergeordnete] – {*ein* Berg, ein ›Inhalt‹, *ein* ›Reales‹, *ein* ›Wesen‹ (Essenz), oder wie man das Element einer noch unbekannten oder unsichtbaren Realität nennen man}, das je nach ›Beleuchtung‹ für uns sterbliche Menschen, d.h. je nachdem wie es in unserem menschlichen *Bewusstsein* (dieses trennt und unterscheidet) auftritt, entweder als geistig oder als stofflich erscheint« (WB IV-II, 697).

Die weit reichende Forderung nach einer ausgleichenden Symmetrie hat Pauli auf sich persönlich bezogen und in seinem Leben und Denken umgesetzt. Er hat sich entsprechend konkret auf seine Nachtseite eingelassen und seine Traumprotokolle so ernst genommen wie die Überlegungen, die zu seinen wissenschaftlich-fachlichen Arbeiten geführt haben – mit dem wesentlichen Unterschied, dass er sich, im Gegensatz zu zahlreichen leichtgläubigen Menschen, sehr wohl davor hütete, »die ratio ganz [zu] *opfern*«. Dies ist deshalb so wichtig, weil »ohne Denken ... ein mystisch-sektiererisches-heroisches Fühlen« entsteht, das noch schneller zum Absturz führt als die steril-logische Vorgehensweise der gegenwärtigen wissenschaftlich-technischen Praxis (WB IV-I, 366). Pauli machte sich häufig lustig über Leute, die spontane Phantasien aus unbewussten Sphären »für eine fertige und über allen Zweifeln erhabene Naturphilosophie«

hielten (WB III, 516). Darüber hinaus ahnte er zumindest etwas von der Gefahr, die aufkommt, wenn seine Träume weithin bekannt und von Menschen mit prophetischen Ansprüchen und anti-wissenschaftlichen Neigungen ausgenutzt und gegen ihn (und die positive Rolle der Wissenschaft) verwendet würden. So veröffentlichte er im Laufe seines Lebens fast ausschließlich seine physikalischen Arbeiten, während er seine Traumprotokolle nur privat mitteilte, etwa in Briefen nicht nur an C. G. Jung und dessen Mitarbeiterinnen – hier ist besonders Marie-Louise von Franz zu nennen –, sondern auch an den Biologen Max Delbrück, der für eine kurze Zeit zu Beginn der Dreißigerjahre bei Pauli gearbeitet hatte, dann unter dessen Einfluss die Disziplin wechselte und in die Biologie gegangen ist. Delbrück wurde später (1969) mit dem Nobelpreis für »Physiologie oder Medizin« ausgezeichnet, und er gilt als Wegbereiter der Molekularbiologie.[14]

Physikalische Träume

Bevor genauer geschildert werden kann, welche Träume in Paulis Bewusstsein gerückt sind, soll noch einmal an die Zweiteilung seines Lebens erinnert werden. Seine Biographie ist etwa in ihrer zeitlichen Mitte durch eine Lebenskrise gekennzeichnet, die ihn Kontakt zu C. G. Jung suchen ließ, und dieser Einschnitt wirkt sich auch auf die Traumfiguren aus, die sein Bewusstsein erreichen. Im Verständnis von C. G. Jung, dem Pauli weitgehend zustimmte, zeigen sich in Träumen symbolische Figuren oder Personen, in denen unbewusste Manifestationen der Seele eine Form bekommen. Jungs theoretische Vorstellungen sprudeln dabei aus einer Quelle, die zur Zeit der Romantik entdeckt worden ist, und zwar vor allem durch den Philosophen Gotthilf Heinrich Schubert, der 1814 ein Buch über »Die Symbolik des Traums« geschrieben hat.[15] Für Schubert beginnt im Schlaf die Seele zu sprechen, und sie bedient sich einer Bildersprache, die alle Menschen verstehen können, weil sie universell ist.

Natürlich können Träumer ihre »Gesichte« nicht als Bilder kommunizieren. Sie müssen beschreiben, was sie im Dunkel des Schlafs gesehen haben, und damit fangen die großen Schwierigkeiten an. Zur Beschreibung von Träumen besitzen wir »keine in unserem Sinne gerichtete und angepasste Sprache«, wie Jung und Pauli sich einig sind (PJ, 25), sodass ihre Deutung nur indirekt durch Untersuchung des Kontextes erfolgen kann. Jung empfiehlt deshalb im Rahmen seiner Psychologie, »den Sinn der Träume durch Amplifikation zu erschließen, d.h. durch Aufzeigen ihrer Parallelen zu Mythen, Märchen, Phantasien, Malereien und anderen symbolisch ausgedrückten Erlebnissen. Bei seiner Traumdeutung ist aber auch die Mitbeteiligung der Patienten erwünscht, die ihrem Mitteilungstrieb freien Lauf lassen sollen«, wie Karl von Meyenn in einer Einleitung zum vierten Band des Wissenschaftlichen Briefwechsels von Pauli erläuternd schreibt, um anschließend festzustellen (WB IV-II, XXII-XXIII): »Über alle diese Methoden informierte sich Pauli in kürzester Zeit durch den Besuch von Jungs Vorträgen und die Lektüre seiner Schriften, um sie dann – ›als gelehriger Schüler‹ [von Jung] – zur Lösung seiner eigenen Probleme einzusetzen.«

Pauli macht dabei Erfahrungen, die für einen physikalisch denkenden und mathematisch geschulten Menschen nicht nur neu und unerwartet, sondern vor allem schwer verdaulich sind. Er lässt sich aber darauf ein und kann zum Beispiel im Jahre 1938 schreiben:

»...nach sorgfältiger kritischer Erwägung vieler Erfahrungen kam ich dazu, die Existenz tieferer seelischer Schichten zu acceptieren, die durch den gewöhnlichen Zeitbegriff nicht adäquat beschreibbar sind. [...] Infolge Fehlens geeigneter Begriffe werden diese seelischen Bereiche durch Symbole dargestellt; und zwar bei mir besonders häufig durch Wellen- oder Schwingungssymbole« (PJ, 25).

Der Physiker Pauli träumt also physikalisch (und nicht psychologisch), was von ihm so verstanden wird, »dass meine Träume oft moderne physikalische Begriffe benützen, um psychologische Sachverhalte und Prozesse auszudrücken«, wobei nicht zu erwarten ist, dass es »eine endgültige Deutung« gibt (WB III, 346).

Die Träume können direkt voller Physik stecken, wie das folgende Beispiel belegt:

»Ein holländischer Physiker macht Experimente über den gyromagnetischen Effekt. Manchmal ergeben sich halb-ganze und manchmal ganze Zahlen. Es ist sehr wichtig, wann das eine und wann das andere stattfindet, aber ich kann die Kriterien dafür nicht herausfinden. Je mehr ich darüber nachdenke, desto mystischer wird die Atmosphäre« (WB III, 346).

Sie können aber auch nur die erwähnten Symbole aus Paulis professioneller Wissenschaft enthalten. Als Beispiel sei der Traum vom 23. Januar 1938 aufgeführt (PJ, 172, Appendix 1):

»Oben ist ein Fenster, rechts davon eine Uhr. Im Traum zeichne ich unterhalb des Fensters einen Schwingungsvorgang an u[nd] zwar zwei Schwingungen untereinander (siehe Figur). Dadurch, dass ich von den Kurven aus nach rechts gehe, versuche ich, an der Uhr einen Zeitpunkt dazu abzulesen. Aber die Uhr ist höher und deshalb geht das nicht.

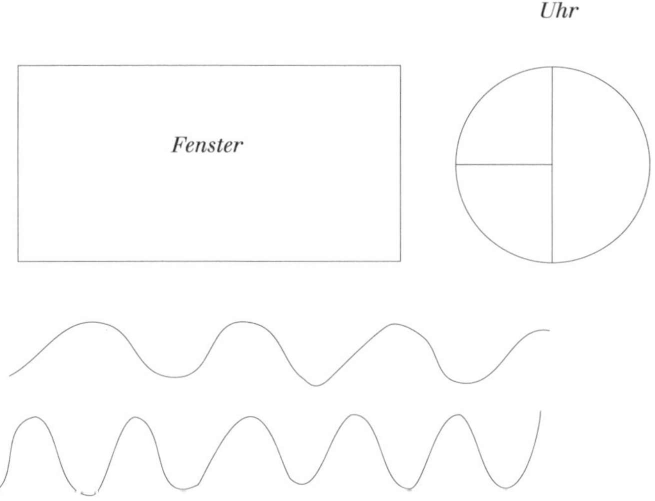

Nun geht der Traum weiter. Die ›dunkle Unbekannte‹ erscheint. Sie weint, denn sie will ein Buch schreiben, kann aber keinen Verleger für ihr Buch finden. In diesem Buch soll sehr viel über Zeitsymbolik stehen, z. B. wie eine Zeit beschaffen ist, wenn bestimmte Symbole in ihr auftreten können. Und am Ende einer Seite des Buches steht folgender Spruch, der laut von der ›Stimme‹ gelesen wird: ›Für die *gewissen* Stunden muss man mit dem gewissen Leben bezahlen, für die noch ungewissen Stunden muss man mit dem unbestimmten Leben bezahlen.‹«

Mit dem geschilderten Traum haben wir schon die zweite Lebensphase Paulis erreicht, die auch durch eine zweite Traumphase gekennzeichnet ist. Der entscheidende Einschnitt ist dabei Paulis (zweite) Heirat im Jahre 1934. Vor diesem Zeitpunkt lag schon der erste Kontakt mit C. G. Jung, der Pauli zunächst empfiehlt, sich an Erna Rosenbaum zu wenden. Mit ihr nimmt Pauli im Februar 1932 Kontakt auf (WB IV-II, XXIII):

»Ich weiß nicht, wer Sie sind: ob alt oder jung, Ärztin oder Amateur-Psychoanalytikerin, gänzlich unbekannt oder sehr berühmt – oder irgendetwas zwischen dieses Extremen. Ich weiß nur, dass Herr Jung, nachdem er einen Vortrag gehalten hatte, mir schnell einen Zettel mit Ihrer Adresse in die Hand drückte und mir sagte, ich solle Ihnen schreiben, ohne dass ich noch Gelegenheit hatte, ihn um irgendetwas Weiteres zu fragen. Dies kam so, dass ich eine Woche früher Herrn Jung konsultiert hatte wegen gewisser neurotischer Erscheinungen bei mir, die unter anderem auch damit zusammenhängen, dass es mir leichter ist, akademische Erfolge als Erfolge bei den Frauen zu erringen. Da bei Herrn Jung eher das Umgekehrte der Fall ist, schien er mir ganz der geeignete Mann, um mich ärztlich zu behandeln.«

In den folgenden Monaten (im Frühling 1932) beginnt Paulis Behandlung durch Erna Rosenbaum. Er berichtet kontinuierlich über seine seelische Verfassung und hält die Träume fest, die ihn regelmäßig nächtliche Erlebnisse verschaffen und die er als seine »Phantasieprodukte« bezeichnet. Pauli füllt viele Seiten mit gewissenhaften Notizen, »weil mir die schriftliche Formulierung und Mitteilung mancher Dinge Erleichterung verschafft«.

In den Monaten März bis Juli des Jahres 1932 scheint Pauli rund 1000 Träume und andere »visuelle Eindrücke« gehabt und notiert zu haben – heute würden wir wahrscheinlich Visionen sagen –, die von Wissenschaftshistorikern bislang nur begrenzt eingesehen werden konnten. Umfassend informiert wurde C. G. Jung, der im Jahre 1936 – mit Paulis Einverständnis und bei Wahrung seiner Anonymität – einen Aufsatz über Traumsymbole des Individuationsprozesses verfasst und sich zu diesem Zweck auf eine aus über 400 Träumen bestehende Traumserie von Pauli stützt. Jung betrachtet diese Serien als »Bilder archetypischer Natur« bzw. als »Symbole eines Individuationsprozesses«, welche Vorgänge erkennen lassen, die der »Herstellung eines neuen Persönlichkeitszentrums« dienen.

Neue Träume

Pauli hat Jung die Verwendung seiner Traumbilder im Oktober 1935 erlaubt. Damals hatte er zwar seine Lebenskrise überwunden – es gab zum Beispiel keine Depressionen mehr, die oftmals seine Arbeitskraft reduziert hatten –, aber von einer nächtlichen Ruhe seiner Phantasie konnte keine Rede sein. Im Gegenteil! Nach der zweiten Eheschließung erlebt Pauli eine neue Dimension des Unbewussten, und es kommt sogar erneut zu zahlreichen Traumserien, und zwar auch, »als ich weder in ärztlicher Behandlung war noch überhaupt mit Jung zusammentraf« (WB III, 346). Im Jahre 1936, als Jung seine psychologische Deutung der Traumsymbole veröffent-

lichte, fand bei Pauli »eine längere Traumserie statt, in welcher ein radioaktiver Kern, der erzeugt werden soll, eine ähnliche Rolle spielte wie der lapis philosophorum [der Stein der Weisen] bei den Alchemisten«.
Zur Erinnerung: Die Aufgabe eines Alchemisten bestand vornehmlich darin, Material, das als wertlos empfunden wurde – Blei zum Beispiel – in Material zu wandeln, das als wertvoll eingestuft wurde – Gold zum Beispiel. Dies war so gemeint, dass das Gold befreit werden sollte, das man als schon im Blei vorhanden vermutete. Für dieses Werk (opus) benötigte man den Stein der Weisen, dessen Herstellung (natürlich) Schwierigkeiten bereitete.
Pauli hat sich sehr ausführlich mit dem Denken der Alchemisten beschäftigt, weil ihre Hinwendung zum Materiellen für ihn das komplementäre Gegenstück zu den Traditionen des westlichen Abendlandes darstellte, die diesen Teil des Wirklichen meinten verachten zu können.

Einstein im Traum

Die neue »physikalische Traumsymbolik« setzte ein, »bald nachdem ich geheiratet hatte«. In einem – erst 1953 geschriebenen und sehr ausführlichen Brief – an Jung stellt Pauli einen Traum aus dieser ersten neurosefreien Zeit vor, der sich im Anschluss an eine schwierige und intensive Diskussion mit Einstein einstellte. Pauli schildert zunächst die physikalische Thematik (PJ, 121):
»Als im Jahre 1927 die neue Theorie der Quantenmechanik vollendet wurde, die eine Lösung der alten Wider-

sprüche betreffend Wellen und Teilchen im Sinne eines neuen komplementären Denkens brachte, wollte Einstein sich mit dieser Lösung nicht recht zufrieden geben. Er vertrat seither immer wieder mit sehr geistreichen Argumenten die These, dass die neue Theorie zwar richtig, aber *unvollständig* sei. Demgegenüber zeigte Bohr, dass die neue Theorie alle Gesetzmäßigkeiten enthielt, die innerhalb ihres Gültigkeitsbereiches überhaupt sinnvoll formulierbar sind. Dem objektiven Aspekt der in der Quantenmechanik angenommenen physikalischen Realität und ihrer statistischen Naturgesetze war dabei mit Hilfe folgender Voraussetzungen Rechnung getragen worden, die allen Physikern als selbstverständlich erschienen:

Individuelle Eigenschaften des Beobachters kommen in der Physik nicht vor.

Die Messresultate sind vom Beobachter nicht beeinflussbar, nachdem er einmal die Versuchsanordnung gewählt hat.«

Pauli vertrat in Diskussionen mit Bohr und Einstein die Ansicht, »Einstein halte für eine Unvollständigkeit der Quantenmechanik innerhalb der Physik, was in Wahrheit eine Unvollständigkeit der Physik innerhalb des Lebens sei«. Und wenn Bohr dieser zugleich wunderbaren und wundersamen Formulierung auch sofort zustimmte, musste Pauli für seinen Sieg einen hohen Preis bezahlen, denn:

»Ich hatte damit… zugegeben, dass irgendwo doch eine Unvollständigkeit vorhanden war, wenn auch außerhalb der Physik, und Einstein hat seither immer wieder versucht, mich auf seine Seite zu ziehen.

Heute weiß ich, dass es sich hier um das Gegensatzpaar *Vollständigkeit versus Objektivität* handelt, und dass man… nicht, wie Einstein will, beides zugleich haben könne. […] *Dass eine prinzipiell statistische Beschreibungsweise der Natur komplementär nach der Erfassung des Einzelfalls verlangt,* konnte ich auch nicht leugnen; aber zugleich sah ich ein, dass die *Wahrscheinlichkeitsgesetze* der neuen Theorie das Äußerste waren, was innerhalb eines objektiven (d.h. nicht psychologischen) Rahmens der Naturgesetze überhaupt erhofft werden konnte.«

Damit ist die Szene bereitet für den ersten Traum mit physikalischem Inhalt, und es ist keine Überraschung mehr, wenn sein Inhalt wieder auf eine Dopplung bzw. Zweiteilung hinausläuft (PJ, 122) (Abb. 3):

»Bald nachdem ich 1934 geheiratet hatte und meine analytische Behandlung beendet war, begann jene physikalische Traumsymbolik. Unter anderem hatte ich *damals* folgenden Traum, der mich jahrelang beschäftigt hat: Ein Einstein ähnlich sehender Mann zeichnet folgende Figur an die Tafel:

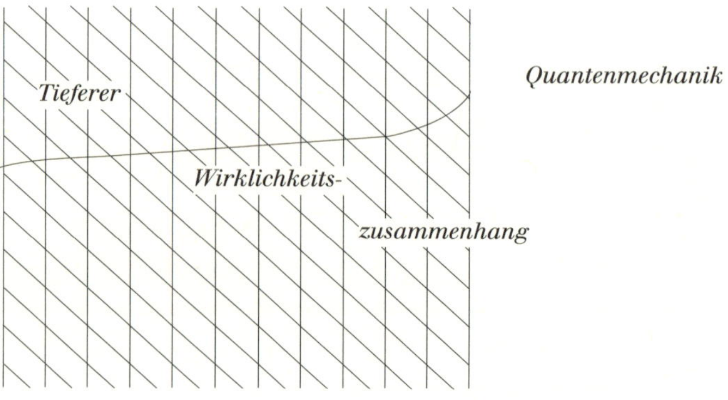

Dies stand in offenbarem Zusammenhang mit der geschilderten Kontroverse und schien eine Art Antwort des Unbewussten auf sie zu enthalten. Es zeigte mir die Quantenmechanik, und damit die offizielle Physik überhaupt, als eindimensionalen Ausschnitt einer zweidimensionalen sinnvolleren Welt, deren zweite Dimension wohl nur das Unbewusste und die Archetypen sein konnten.«

Ein Exkurs zum Archetypus

Hier taucht ein neuer und zugleich wesentlicher Begriff auf, ohne den Paulis Vorstellungen vom menschlichen Denken und Erkennen nicht verstanden werden können, und zwar der Begriff des Archetypus. Ihm wird wegen seiner Bedeutung ein eigenes Kapitel zugewiesen (s. u. S. 121). An dieser Stelle soll nur so viel gesagt werden, dass die Idee des Archetypus den psychologisch fundierten und psychisch motivierten Versuch darstellt, eine Ebene zu finden, auf der Denken und Erkennen beginnen können, bevor es Begriffe oder Kategorien gibt. Für Pauli war es nicht sinnvoll, die Rationalität durch rationale Konstrukte zu erklären, wie es zum Beispiel Kant in seiner »Kritik der reinen Vernunft« versucht und uns seither in der Schule als unabweisbar richtig beigebracht wird. Vor der Rationalität kann keine Rationalität gewesen sein. Vor den Begriffen können keine Begriffe gewesen sein. Vor den Begriffen und vor den Kategorien des rationalen Denkens können aber sehr wohl urtümliche, archaische oder primordiale Bilder dem Bewusstsein zur

Verfügung gestanden haben, wobei diese drei Attribute auf eine frühe Form des humanen Erkennens hinweisen. In ihr tauchen Bilder auf, die wahrgenommen werden können und die es wahrzunehmen gilt. Mit dem griechischen Wort für Wahrnehmung – also mit »aisthesis« – lässt sich sagen, dass Denken ursprünglich ästhetisch vor sich geht. Es beginnt nicht logisch, wie es unentwegt gelehrt wird, sondern ästhetisch, u. a. mit den Bildern, die uns im Traum zugänglich werden. Wenn Portmann – wie eingangs des Kapitels zitiert – vorschlägt, bei der Erziehung (in der Schule und in der Universität) Ästhetisches zu berücksichtigen, dann ist dies auch in diesem Sinne zu verstehen. Es nützt nichts, wenn die Erziehung rational verschlossen wird und wir uns vorlügen, die Welt sei mithilfe von Begriffen begreifbar.
Für den Augenblick stellen wir uns unter Archetypen wahrnehmbare Frühformen (Vorstufen) des Denkens vor. Das mit einer langen Geschichte ausgestattete Konzept »Archetypus« hat gerade im Umkreis von C. G. Jung eine besondere Renaissance erlebt und eine psychologische Bestimmung erfahren.[16] Jung vermutete aufgrund zahlreicher Beobachtungen an Patienten, dass Menschen über einen kollektiven Fundus an archaischen Bildern und Symbolen verfügen, mit denen unbewusste Formen des Erkennens möglich werden. Diese Bilder werden – so verstehen es Jung und seine Mitstreiter – ihrerseits von Archetypen bestimmt, die auf diese Weise die menschliche Wahrnehmung und andere psychische Vorgänge mindestens beeinflussen und vermutlich sogar steuern.

Der Traum, der Pauli einen »tieferen Wirklichkeitszusammenhang« zeigte, hat für seine Gedankenwelt weit reichende Folgen gehabt, wie er im weiteren Verlauf des Briefes an C. G. Jung ausführt (PJ, 122f.):
»Seit dieser Zeit baute mir das Unbewusste, anfangs gegen außerordentlich starke bewusste Widerstände, eine correspondentia zwischen Physik (mit Mathematik) und Psychologie synthetisch auf. Umgekehrt wie die jetzige Physik und komplementär zu ihr opfert der Standpunkt der Unbewussten die genannten traditionellen Voraussetzungen der Objektivität (die es im Gegenteil als störend empfindet) und wählt statt dessen (im Einklang mit der Natur!) die Vollständigkeit. [...][17]
Es ist das unausweichliche Schicksal der mit statistischen Naturgesetzen operierenden Physik, nach Vollständigkeit suchen zu müssen. Dabei wird sie aber notwendig auf die Psychologie des Unbewussten stoßen müssen, da eben dieses und die Psyche des Beobachters das ihr Fehlende ist.
So wie nun die Physik nach Vollständigkeit sucht, so sucht Ihre analytische Psychologie nach Heimat. Denn es lässt sich nicht leugnen, dass diese wie ein illegitimes Kind außerhalb der allgemein anerkannten akademischen Welt ein esoterisches Sonderdasein führt. *Hierdurch ist aber der Archetypus der Coniunction konstelliert.* Ob und wann diese Coniunction sich realisieren lässt, weiß ich nicht, aber ich habe keinen Zweifel, dass dies das schönste Schicksal wäre, was der Physik wie der Psychologie widerfahren könnte.«
Die zuletzt genannten Hoffnungen stellen einen zentralen Punkt in Paulis Weltbild dar. Immer wieder betont er,

»es wäre am meisten befriedigend, wenn sich Physis und Psyche als komplementäre Aspekte derselben Wirklichkeit auffassen ließen«, wie es zum Beispiel in seiner Arbeit über Johannes Kepler heißt, die 1952 erscheint und in der er den *Einfluss archetypischer Vorstellungen auf die Bildung naturwissenschaftlicher Theorien bei Kepler* untersucht, wie noch ausgeführt wird.

»Hintergrundsphysik«

Am Ende der Dreißigerjahre (des 20. Jahrhunderts) fällt Pauli ein 1937 in Shanghai erschienenes Buch in die Hände, das im Titel eine Analyse der Verbindung zwischen »Quantenmechanik und I Ging« verspricht, einem Thema, an dem sich bis heute viele Autoren versuchen – mit sehr unterschiedlichem Erfolg und vielen Missdeutungen vor allem auf Seiten der Physik. Der Autor ist ein Mann namens C.H. Hsieh, und er wird von Pauli als »ein mathematisch und physikalisch sehr mangelhaft gebildeter, chinesischer Privatgelehrter« charakterisiert (PJ, 185). Es ist unklar, wie genau Pauli das in chinesischer Sprache gedruckte Buch lesen konnte, das ihm durch einen (chinesischen) Kollegen aus den USA zugänglich wurde. Klar ist nur, dass Pauli in dem Buch, in dem zum Beispiel die physikalische Vorstellung der Lichtwelle aus einem taoistischen Symbol (genauer: dem Symbol des Tsi-Gi) abgeleitet wird, eine »Stimmung« wahrnimmt, die auffallend »mit derjenigen in meinen ›physikalischen‹ Träumen, sowie auch mit derjenigen in den Schriften von Kepler« übereinstimmt. Dabei kommt er zu einer entscheidenden Einsicht, denn »zum ersten Mal kam ich damals auf den Gedanken, dass es sich hierbei um *einen archetypischen Hintergrund der physikalischen Begriffe handeln könnte«* (PJ, 185).

Dieser Satz findet sich in einem Manuskript, das im Juni 1948 entstanden und fast ein halbes Jahrhundert lang unpubliziert geblieben ist. Der Text trägt den Titel »Moderne Beispiele zur ›Hintergrundsphysik‹«, wobei unter diesem Begriff »das Auftreten von quantitativen Begriffen und Vorstellungen der Physik in spontanen Phantasien« verstanden werden (PJ, 176). Gemeint sind Konzepte wie Welle, Atom, Atomkern und Radioaktivität, und sie treten in den Träumen »in einem qualitativen, übertragenen, also symbolischen Sinn« auf. Pauli weist in seinem Manuskript darauf hin, dass ihm die Existenz dieses Phänomens seit gut einem Dutzend Jahren »aus persönlichen Träumen bekannt« ist, die er im Folgenden zusammenfassend vorstellt:

»Es pflegt mir im Traum irgendeine (auch von mir subjektiv als solche betrachtete) Autorität auf dem betreffenden Spezialgebiet der Physik zu erscheinen und mir zu erklären, die Zerlegung einer Spektrallinie in ein Dublett oder in anderen Fällen die Zerlegung eines chemischen Elements in zwei Isotope sei von fundamentaler Wichtigkeit.«

Der zweite physikalische Vorgang der Isotopentrennung hat mit der im Rahmen der damals neuen Atomphysik gemachten Entdeckung zu tun, dass chemische Elemente – wie Kohlenstoff oder Uran – in verschiedenen Formen vorliegen können, die sich nicht in ihren chemischen, wohl aber in ihren physikalischen Eigenschaften (etwa der Masse) unterscheiden. Sie nennt man Isotope, und verschiedene Isotope eines Elements verfügen über kleinere oder größere Atomkerne. Da Masse und Energie im Rahmen von Einsteins berühmten Theorien äquivalent sind, kann man bei Isotopen auch statt von verschiedenen Atomgewichten von verschiedenen Energieniveaus sprechen. Auf diese Weise lässt sich eine Verbindung zu den Spektrallinien herstellen, die ja – wie erläutert – durch messbare Frequenzen charakterisiert sind und damit ebenfalls Energieniveaus darstellen.

Mit dieser physikalischen Erläuterung kehren wir zu Paulis Darstellung seiner entsprechenden Träume zurück, in denen er »die Spektrallinie und ihre Zerlegung wie durch ein Spektroskop deutlich« vor sich sieht:

»Manchmal gibt die Autorität auch den Namen des die Spektrallinie emittierenden oder des in Isotope zu zerlegenden Elements an«, wobei aber gilt, dass »die chemische Natur dieses Elements wechselnd war, und ich habe nicht gefunden, dass ihr eine wesentliche Bedeutung zukommt. In einem sehr viel späteren Stadium dieser Träume traten manchmal Phantasienamen der chemischen Elemente (nach Ländern oder Städten, manchmal mit Nummern versehen) auf. Wichtig erscheint mir, dass im Allgemeinen die zwei Komponenten annähernd gleich stark sind, in besonderen Fällen ist die eine doppelt so intensiv als die andere, aber niemals ist die eine dominierend und die andere nur ein Anhängsel.«

Worin besteht nun der Sinn dieser Gruppe von Träumen? Um sie wenigstens einigermaßen vollständig erfassen zu können, hält es Pauli für unabdingbar, ihre Mitteilungen »in eine hinsichtlich der Unterscheidung von Physikalischem und Psychologischem *neutrale* Sprache« zu übersetzen. Er bemüht sich zwar ausdrücklich und nachhaltig darum, wie schon beschrieben wurde, indem er zum Beispiel für »chemisches Element« den Begriff »Objekt«

einsetzt, das »an seinen spezifischen Reaktionen erkennbar ist«. Damit lässt sich die Aussage der Träume so fassen:

»Von fundamentaler Wichtigkeit ist die Trennung eines spezifischen energetischen Zustandes oder eines Objektes, das an seinen spezifischen Reaktionen erkennbar ist, in zwei Zustände bzw. zwei Objekte mit ähnlichen, aber etwas verschiedenen Reaktionen. Diese Trennung gelingt nicht durch einfaches Zusehen (mit bloßem Auge), sondern nur durch eine feinere, mit Hilfe einer bewussten Methode geleiteten Beobachtung.«

Dieser nüchternen Erklärung fügt Pauli noch eher lockerere Assoziationen hinzu, da seine Träume offenbar etwas mit *»einer Erhöhung oder Vermehrung des Bewusstseins«* zu tun haben. Er denkt an eine Geburt, die »eine Teilung eines Körpers in zwei Teile« darstellt, oder »die Aufhebung einer unbewussten Identität von zwei Menschen, zwischen denen eine emotionale Beziehung besteht«. Das genannte Motiv, die Verdopplung eines psychischen Inhaltes bei einem Bewusstwerden, ist natürlich in der Psychologie nicht unbekannt, und »es wird dadurch erklärt, dass der neue Bewusstseinsinhalt ein von ihm verschiedenes Spiegelbild im Unbewussten aufweist. Im Mythos findet sich dieses Motiv ebenfalls sehr typisch wieder als Sage von zwei Brüdern, von denen der eine unsterblich (geistig) ist, während der andere nur sterblich (materiell) und an das Erdenleben verhaftet ist.«

Das Wechselspiel zwischen dem Bewussten und dem Unbewussten bringt erneut die Idee der Komplementarität auf, die zwar aus der Physik stammt, die aber in der Psychologie die Bedeutung hat, dass jede »Beobachtung« unbewusster Inhalte eine prinzipiell unbestimmbare Rück-

wirkung des Bewusstseins auf diese Inhalte selbst zur Folge hat. Pauli versucht im Folgenden, ganz allgemein sein Traummaterial unter der Vorgabe Komplementarität zu deuten, mit der verlangt wird, »die Vereinbarkeit der sich zunächst scheinbar widersprechenden Aspekte der Wirklichkeit zu erkennen«. Pauli merkt dazu an:
»Diese Situation betrifft sowohl die Vereinbarkeit der Anwendung anschaulicher Vorstellungen wie ›Welle‹ und ›Teilchen‹ innerhalb der Physik, die durch die Einsicht in die prinzipiellen Begrenzungen ihrer Prüfbarkeit durch Messungen erzielt wird, als auch die Vereinbarkeit der psychologischen Begriffe wie Leben und Seele mit der Annahme der ausnahmslosen Gültigkeit der physikalischen Gesetze, wo immer physikalische Messungen ausführbar sind. Da in der Physik die deterministische Auffassung verlassen ist, besteht auch keinerlei Grund mehr, eine vitalistische Auffassung aufrecht zu erhalten, gemäß welcher die Seele physikalische Gesetze ›durchbrechen‹ könne oder müsse. Es scheint vielmehr ein wesentlicher Teil der ›Weltharmonie‹ zu sein, dass die physikalischen Gesetze für die Möglichkeit einer anderen Beobachtungs- oder Betrachtungsweise (Biologie und Psychologie) gerade so viel Spielraum lassen, dass die Seele alle ihre ›Zwecke‹ erreichen kann, ohne physikalische Gesetze zu durchbrechen.«
Pauli bezeichnet die deterministische und die vitalistische Auffassung als »zueinander komplementäre Irrtümer«, und er bekennt sich zu dem Bohr'schen Gedanken, der sich zum Beispiel – was auch für die Deutung seiner Träume relevant ist – in den zwei Qualitäten zeigt, die sich der Energie zuschreiben lassen. Da ist zum einen »die Unzerstörbarkeit der Energie, welche ihre zeitlose Existenz zum Ausdruck bringt«, und da ist zum anderen

»das Erscheinen der Energie in Raum und Zeit«. »Der Gegensatz, der hier in Erscheinung tritt, ist nicht mehr derjenige zwischen Materie ... und Dynamik ..., sondern zwischen der Unzerstörbarkeit (Energie) und der Zeit.«
Pauli kommt dabei zu einem wichtigen Schluss, dessen Umsetzung aber erst am Anfang steht (PJ, 182):
»An die Stelle der alten Idee der polaren Gegensätze, wie z.B. des chinesischen Yang und Yin, tritt daher beim Modernen die Idee der komplementären (einander ausschließenden) Aspekte der Phänomene. Wegen der Analogie zur Mikrophysik scheint es mir eine der wichtigsten Aufgaben des abendländischen Geistes, auch in der Psychologie die alte Idee in die neue Form zu übersetzen.«
Diese Aufgabe besteht bis heute.

In den Vierzigerjahren (des 20. Jahrhunderts) bestand eines der Grundprobleme der Physik in der Frage nach der Selbstenergie des Elektrons. Kurz gesagt: Alle (quantenmechanischen) Theorien führten immer wieder zu unendlichen Werten, wenn man von punktförmigen Gebilden ausging, was physikalisch in jeder Hinsicht unsinnig war. Es gab viele Vorschläge, diesen Abgrund zu umfahren, und die meisten wurden in Princeton diskutiert, wo sich Pauli aufhielt. Im Frühjahr 1941 machten sich Gerüchte breit, dass der Amerikaner Archibald Wheeler und sein (damaliger) Schüler, der später mit dem Nobelpreis für Physik ausgezeichnete und inzwischen legendäre Richard Feynman, eine Lösung gefunden hätten. Und tatsächlich kündigte Wheeler einen entsprechenden Vortrag im Physik-Kolloquium des Instituts an. Pauli war skeptisch, und er wollte wissen, ob es sich lohnte, zu dem Vortrag zu gehen. Kurz vor der Veranstaltung traf er den jungen Feynman auf dem Weg zur Bibliothek. Pauli fragte ihn, was Wheeler sagen würde, und Feynman antwortete, er wisse es nicht, Wheeler habe ihm nichts gesagt. »Oh«, sagte nun Pauli, »der Herr Professor verrät seinem Assistenten nicht, was er herausgefunden hat. Vielleicht hat der Herr Professor es noch gar nicht herausgefunden.«
Pauli hatte Recht. Wheeler sagte seinen Vortrag ab.

Der wirksame Archetyp

Wissenschaftler machen sich vielfach andere Gedanken als *Wissenschaftsphilosophen,* weil sie ein anderes Ziel vor Augen haben. Während Wissenschaftler zu ergründen versuchen, wie die Natur verfährt, versuchen Wissenschaftsphilosophen zu ergründen, wie die Wissenschaft verfährt. Während ein Praktiker der Forschung am Ende seiner Bemühungen ein Naturgesetz findet oder einen anderen quantitativen Zusammenhang vorstellt, legt ein Wissenschaftstheoretiker am Ende des Suchens seine Sicht von Wissenschaftlichkeit und seine Antwort auf die Frage vor, wie es kommt, dass Menschen etwas über die Natur und ihre Gesetze herausfinden können. Es geht diesen um die Logik der Forschung und um die Bedingungen der Möglichkeit von Erkenntnis, und es geht jenen um die Erkenntnis selbst und die Möglichkeit ihrer Anwendung.

Die rationale Logik der Forschung

So kompliziert die zuletzt gebrauchte – und auf Immanuel Kant zurückgehende – Formel von *den Bedingungen der Möglichkeit von Erkenntnis* auch klingt, so einfach waren die Antworten, die Wissenschaftsphilosophen im 20. Jahrhundert auf die Frage gegeben haben, was das denn ist, das wir Wissenschaftlichkeit nennen. Die berühmteste, am häufigsten zitierte und deshalb von vielen Beobachtern der Kultur als tiefe Einsicht gefeierte und nahezu als unantastbar angesehene Beschreibung des wissenschaftlichen Vorgehens stammt von dem geadelten Philosophen Sir Karl Popper, und sie findet sich in einem Werk mit dem Titel »Logik der Forschung«, dessen erste deutsche Ausgabe 1934 erschienen ist (allerdings mit der Jahresangabe 1935). In dem weltweit verbreiteten Buch, das im Untertitel eine »Erkenntnistheorie der modernen Naturwissenschaft« ankündigt und dessen englische Übersetzung »The Logic of Scientific Discovery« heißt, stellt Popper zunächst fest, »die Tätigkeit des wissenschaftlichen Forschers besteht darin, Sätze oder Systeme von Sätzen aufzustellen und systematisch zu überprüfen«. Dabei spielen in den Erfahrungswissenschaften – Philosophen nennen sie auch empirische Wissenschaften – vor allem Hypothesen eine Rolle, die es durch Experimente oder andere Beobachtungen zu prüfen gilt. Dabei taucht ein Problem auf, das die Philosophen seit Jahrhunderten geplagt hat. Denn in einem Experiment macht der Forscher eine einzelne Beobachtung, die er in einem *besonderen* Satz formulieren kann, zum Beispiel: »Ein Stück Kupferdraht wird länger, wenn es wärmer wird.« Was ihn aber interessiert, ist eine *allgemeine* Formulierung, die *umfassend* gilt, zum Beispiel: »Materie dehnt sich bei steigender Temperatur aus.« Die Aufgabe, die sich in diesem Zusammenhang stellt – die Experten sprechen vom »Problem der Induktion« –, besteht in der Klärung der Frage, unter welchen Umständen sich ein solcher Schluss von einem Einzelteil auf das Ganze als falsch erweisen kann.

Popper macht dies an einem berühmten Beispiel klar: »Bekanntlich berechtigen uns noch so viele Beobachtungen von weißen Schwänen nicht zu dem Satz, dass *alle* Schwäne weiß sind«, und tatsächlich sind inzwischen längst schwarze Schwäne gesichtet worden – zuerst in Australien und später an vielen anderen Orten.

Um die Logik der Forschung zu retten – denn vor allem auf die Logik kommt es an –, macht Popper einen zugleich wirksamen und eleganten Vorschlag, der unter dem Begriff der »Falsifizierung« Karriere macht. Popper stellt sich vor, dass die wissenschaftliche Arbeit mit einer Hypothese beginnt, die in einem Experiment (oder durch Beobachtungen) überprüfbar ist. (Übrigens: Wenn dieses Kriterium nicht erfüllt ist, kann man – laut Popper – nicht von Wissenschaftlichkeit reden.) Der zu diesem Zweck durchgeführte Versuch kann nun entweder die Hypothese als richtig oder er kann sie als falsch erweisen. Im ersten (bestätigenden) Fall spricht Popper von der Verifizierung, und im zweiten (zurückweisenden) Fall von der Falsifizierung der Hypothese.[18] Damit kann er folgende wichtige Unterscheidung treffen, mit der die eigentliche Logik der Forschung formuliert wird: Wenn eine Hypothese verifiziert wird, dann hat die Wissenschaft so seltsam dies klingt – nicht viel (oder sogar nichts) gewonnen, denn sie bleibt bei der Kenntnis stehen, die sie vor dem Experiment hatte. Wenn aber eine Hypothese falsifiziert wird, dann hat die Wissenschaft die Chance, etwas zu gewinnen und Fortschritte zu machen. Sie hat nämlich jetzt die Möglichkeit, eine neue Hypothese aufzustellen, und sie kann versuchen, diese doch wohl bessere Vermutung durch Beobachtungen zu prüfen.

Auf den ersten Blick wirkt Poppers Logik der Falsifizierung überzeugend, und es scheint völlig klar, dass große Teile der normalen Wissenschaft, die sich in Diplom- oder Doktorarbeiten niederschlägt bzw. in Fachpublikationen zu betrachten ist, in diesem Schema verstanden werden kann. Ein Biochemiker stellt etwa die Hypothese auf, dass die Energie, die eine Zelle für ihren Stoffwechsel braucht, durch Zuckermoleküle geliefert wird. Oder ein Genetiker stellt die Hypothese auf, dass die biologische Information, die von Organismen vererbt wird, in Form von Nukleinsäuren gespeichert ist. Beide werden dann aufgefordert – und hier liegt die konkrete und schwierige Aufgabe von Doktoranden und Diplomanden–, sich Experimente auszudenken, mit denen die Vermutungen überprüft werden können. Und wenn dann die erste Hypothese falsifiziert und die zweite verifiziert ist, kann man seinen Bericht abgeben und möglicherweise veröffentlichen.

Dies klingt überzeugend, und Poppers Idee der Falsifizierung hat sehr viele Anhänger. Doch funktioniert Wissenschaft in der Praxis wirklich so, wie sich das die Theoretiker vorstellen?[19]

Paulis Antwort ist ein entschiedenes Nein: »Ich hoffe«, so hat er unmissverständlich in einem Aufsatz mit dem Titel »Phänomen und physikalische Realität« geschrieben, der 1957 erschienen ist (PuE, 95), »dass niemand mehr der Meinung ist, dass Theorien durch zwingende logische Schlüsse aus Protokollbüchern abgeleitet werden, eine Ansicht, die in meinen Studententagen noch sehr in Mode war.«

Allein durch seine Formulierung drückt Pauli aus, für

wie naiv und überholt er diesen Gedanken einschätzt. Er hält überhaupt nicht viel von der sauberen Einteilung – man könnte auch sagen: Zweiteilung – in Idee und Experiment, da das beobachtete Phänomen zumeist komplex ist und »seine Beschreibung schon eine Menge von früher gewonnenen theoretischen Kenntnissen und apparativen Erfahrungen verarbeitet«. Pauli betont nachdrücklich, dass diese Verwobenheit »im Alltagsleben des Physikers das Zweckmäßige [ist] und keineswegs das Isolieren von Perzeptionsdaten«, selbst wenn sie mit Hilfe von noch so raffinierten Messtechniken gewonnen worden sind.

Was für einen Physiker gilt, trifft erst recht für Chemiker und Biologen zu. Wie wenig Poppers Schema tatsächlich mit der Wirklichkeit der Forschung zu tun hat, zeigt sich nämlich sofort, wenn man gebeten wird, eine konkrete und spezifische Hypothese zu formulieren, die sich in *einem* Experiment falsifizieren oder verifizieren lässt. Dabei soll von banalen Vermutungen abgesehen werden, womit Hypothesen der Art »Auf dem Grund von schottischen Seen wohnt das Loch-Ness-Monster« oder »Die Samenflüssigkeit von schwarzen Männern ist schwarz« gemeint sind (diesen letzten Satz hat in der Antike erst Aristoteles als falsch erkannt). In Poppers Logik der Forschung zählen sie zu den wissenschaftlichen Hypothesen – weil sie falsifizierbar sind –, aber sie fallen deshalb aus dem erwarteten Rahmen, weil in ihnen kein Konzept mit gedanklicher Tiefe enthalten ist. Wenn aber verlangt wird, dass eine akzeptable und untersuchungswürdige Hypothese einen theoretischen (theoriefähigen) Begriff enthält, bleibt Poppers Schema stecken. Denn wie soll man in *einem* Experiment Behauptungen testen wie »Es gibt Gene für aggressives Verhalten«, »Materie ist aus

Atomen aufgebaut«, »Die Lichtgeschwindigkeit ist konstant« oder »Würmer haben kein Bewusstsein«?

Eine Logik der Forschung erklärt dies alles nicht, und sie erklärt vor allem nicht, woher denn das wichtigste Ausgangselement ihres Verfahrens kommt, die Hypothese. Wie kommt jemand wie Pythagoras auf die Idee, dass es Naturgesetze (Harmonien) gibt, die sich mit Zahlen erfassen lassen? Wie kommt jemand wie Kopernikus auf die Idee, dass die Erde sich dreht und die Sonne stillsteht (obwohl unsere Sinne uns etwas ganz anderes melden und unsere Sprache die Sonne zwar auf- und untergehen, auf keinen Fall aber ruhen lässt)? Wie kommt jemand wie Lavoisier auf die Idee, dass Luft aus verschiedenen Teilen besteht, die ich doch als Einheit sehe und atme? Wie kommt jemand wie Einstein auf die Idee, dass die Geometrie des Raumes nicht gradlinig, sondern gekrümmt ist, und zwar in Abhängigkeit von der anwesenden Materie? Und wie kommt jemand wie Pauli auf die Idee, dass es klassisch nicht beschreibbare Zweideutigkeiten von unsichtbaren Mitspielern auf der atomaren Bühne gibt?

Archetypen und Erkenntnis

Wer den Blick von der normalen Wissenschaft mit all ihren wichtigen und erstrebenswerten Qualitäten wie Sorgfalt der Vorbereitung, Präzision der Messung, Genauigkeit der Protokolle, Reproduzierbarkeit der Experimente und Klarheit der Fragestellung weglenkt und nach dem eigentlichen Fortschritt in der Wissenschaft fragt, den die Historiker kreativen Individuen wie Einstein, Kepler, Newton und vielen anderen zuschreiben, der wird eine andere Antwort auf die Frage nach »Logik der Forschung« finden, die dabei hilft. Er wird nämlich entdecken, dass es diese rationale Treppe gar nicht gibt, die man stufenweise zu dem theoretischen Gebäude der Wissenschaft gehen könnte, mit dem das Ziel der Bemühungen gekennzeichnet ist. Wenn aber diese inzwischen vertraut wirkende Konstruktion abgeschafft wird, was kann man dann an ihre Stelle setzen?

An dieser Stelle hat Pauli einen wunderbaren Vorschlag gemacht, der leider viel zu wenig Beachtung findet. Die Charakterisierung »wunderbar« hat dabei damit zu, dass Pauli nicht nur »den Vorgang des Verstehens der Natur« im Auge hat, wenn er versucht, den Zusammenhang zwischen »Theorie und Experiment« zu erläutern, wie ein kurzer Text aus dem Jahre 1952 überschrieben ist (PuE, 91f.). Pauli geht es auch um »die Beglückung, die der Mensch beim Verstehen, das heißt beim Bewusstwerden einer neuen Erkenntnis empfindet«, also um ein Gefühl der Zufriedenheit, das den forschenden und sein Wissen vermehrenden Menschen aus seinem Inneren zuströmt. Aus diesem Grunde schlägt er »in Anlehnung an die Philosophie *Platons*« vor, das wissenschaftliche Erkennen der Natur »als eine Entsprechung, das heißt als ein Zur-Deckung-kommen von präexistenten inneren Bildern der menschlichen Psyche mit äußeren Objekten und ihrem Verhalten zu interpretieren. Die Brücke zwischen den Sinneswahrnehmungen auf der einen und den Begriffen auf der anderen Seite, die von der reinen Logik nicht konstruiert werden kann, beruht nach dieser Auffassung auf einer unserer Willkür entzogenen kosmischen Ordnung, die von der Welt der Erscheinungen verschieden ist und sowohl Psyche als auch Physis, sowohl Subjekt als auch Objekt umfasst« (PuE, 91).

Fünf Jahre nach dieser Formulierung gibt Pauli eine zweite Version dieser Erkenntnistheorie, die sich dem schwierigen und von den meisten Philosophen einfach ausgeklammerten Problem stellt, wie das Verbindungsglied zwischen den Außen- und Innenansichten zu denken ist. In seiner zweiten Darstellung verzichtet Pauli auf den für viele nicht leicht nachvollziehbaren Ausdruck der »kosmischen Ordnung«, und er gibt stattdessen eine andere Beschreibung der gesuchten Brücke, wobei man den Eindruck hat, dass er sich darum in einer neutralen Sprache bemüht:

»Theorien kommen zustande durch ein vom empirischen Material inspiriertes *Verstehen,* welches am besten im Anschluss an Plato als Zur-Deckung-kommen von inneren Bildern und äußeren Objekten und ihrem Verhalten zu deuten ist. Die Möglichkeit des Verstehens zeigt aufs Neue das Vorhandensein regulierender typischer Anordnungen, denen sowohl das Innen wie das Außen des Menschen unterworfen sind« (PuE, 95).

Entscheidend ist, dass Pauli eine wissenschaftliche Erkenntnistheorie versucht, die sich nicht nur auf historische Beispiele und deren Analysen stützt, sondern die auch die Einsichten der modernen Psychologie berücksichtigt. Denn sie »hat den Nachweis erbracht, dass jedes Verstehen ein langwieriger Prozess ist, der lange vor der rationalen Formulierbarkeit des Bewusstseinsinhaltes durch Prozesse im Unbewussten eingeleitet wird: auf der vorbewussten Stufe der Erkenntnis sind an Stelle von klaren Begriffen Bilder mit starkem emotionalem Gehalt vorhanden, die nicht gedacht, sondern gleichsam malend geschaut werden. Die gesuchte Brücke zwischen Sinnesempfindungen und Ideen oder Begriffen scheint durch anordnende Operatoren oder Faktoren (die ich ... nicht als ›rational‹ bezeichnen möchte) bedingt zu sein, von denen auch diese vorbegriffliche Schicht der symbolischen Bilder beherrscht wird« (PuE, 91/92).

Es geht also um präexistente innere Bilder, und es geht um unanschauliche Ordnungsfaktoren, und für beide ist im Laufe der europäischen Geistesgeschichte der Begriff »Archetypus« verwendet worden. Johannes Kepler hat diesem (lateinischen) Ausdruck bereits im 17. Jahrhundert die erste Fassung gegeben, und C. G. Jung hat im 20. Jahrhundert eine zweite Form vorgeschlagen und verwendet. Pauli ist dieses Konzept sehr sympathisch. Er versucht deshalb schon in seiner »Hintergrundsphysik« *»physikalische Begriffe als archetypische Symbole«* zu verstehen (PJ, 176), wobei er für sich festlegt, Archetypen als wirksame Bilder zu verstehen, die außerhalb des Bewusstseins vorhanden sind und sich mit der Zeit ändern (wandeln) können. Archetypen sind für Pauli also nicht unveränderliche Gegebenheiten, vielmehr entwickeln sie sich relativ zum Standpunkt des Bewusstseins:

»Die Rückwirkung des Bewusstseins auf die Bilder des Unbewussten, welche von der umgekehrten Wirkung der Bilder auf das Bewusstsein im Sinne einer ›Komplementarität‹ nicht zu trennen sein dürfte, scheint mir gerade das Wesen ... der Entwicklung der menschlichen Erkenntnis auszumachen« (PuE, 92), wie er eindeutig bekennt.

Eine wissenschaftliche Methode

Das Wechselspiel zwischen dem Bewussten und dem Unbewussten scheint Pauli grundsätzlich geeigneter als eine »Logik der Forschung«, um festzulegen, worin »eine wissenschaftliche Methode« besteht: »eine Sache immer wieder vorzunehmen, über den Gegenstand nachzudenken, sie dann wieder beiseite zu legen, dann neues empirisches Material zu sammeln, und dies, wenn nötig, durch viele Jahre fortzusetzen. Auf diese Weise wird das Unbewusste durch das Bewusstsein angekurbelt und, wenn überhaupt, kann nur so etwas dabei herauskommen. Ich glaube, dass man Wissenschaft nicht *nebenbei* betreiben kann« (WB IV-II, 77).

Das Interesse an Kepler

Um mehr über die Bedingungen zu erfahren, die den Menschen die Möglichkeit geben, die Natur zu verstehen bzw. entsprechende Gesetze zu formulieren, versucht Pauli schon in den Vierzigerjahren, »den Einfluss archetypischer Vorstellungen auf die Bildung naturwissenschaftlicher Theorien bei Kepler« zu erkunden. Pauli unternimmt also – wie er es ausdrückt – einen »Ausflug ins 17. Jahrhundert« (WB III, 488), und zwar deshalb, weil er in die Zeit zurückmöchte, in der noch keine Rede von einem Newton'schen Weltbild sein konnte. Mit Newton war bis 1700 nicht nur die Idee der Naturgesetze praktikabel geworden, die seiner Sicht nach empirisch gefunden worden waren und wiedergaben, was im Normalfall ein-

tritt. Mit ihm war auch die Idee des absoluten Raumes und der absoluten Zeit eingeführt worden, die beide von ihm als Ausströmungen (»Emanation«) Gottes verstanden wurden.
Für Pauli verbindet sich mit Newtons Mechanik (Physik) vor allem eine gewisse Tragik, denn der fromme Brite hat mit seiner mathematischen Naturbeschreibung genau den materiellen Vorstellungen und Kräften Auftrieb gegeben, denen er, der Gottesfürchtige, persönlich ablehnend gegenüberstand. Doch dies markiert nur einen Nebenaspekt, und die Hauptsache seiner Wirkung besteht darin – wie er Markus Fierz schreibt, der eine umfassende Studie zu Newtons Werk verfasst und seinem Lehrer zum Lesen geschickt hat: »dass Newton Raum und Zeit quasi zur rechten Hand Gottes gesetzt hat, und zwar auf den leer gewordenen Platz des von dort vertriebenen Gottessohnes« (WB III, 488). Pauli fährt dann fort: »Bekanntlich hat es dann einer ganz außerordentlichen Anstrengung bedurft, um Raum und Zeit aus diesem Olymp herunterzuholen.«
Damit ist konkret das Werk von Einstein angesprochen, und Pauli kann es nicht lassen, einen Seitenhieb auf Denker mit wenig Sinn für Physik auszuteilen: »Diese Arbeit wurde noch künstlich erschwert durch Kants philosophischen Versuch, den Zugang zu diesem Olymp für die menschliche Vernunft zu sperren.«
Mit anderen Worten: Der mathematische Physiker Newton und der kritische Philosoph Kant haben das Denken durch ihre Festsetzungen eher immobilisiert. Sie müssen von ihren Annahmen sehr fasziniert gewesen sein. Die grundlegende Bewegung der Geistesgeschichte muss vor ihrer Zeit stattgefunden haben, wie Pauli meint:

»Deshalb ist für mich die Zeit besonders interessant, wo Raum und Zeit *noch nicht* dort oben waren, und zwar der Moment vor dieser verhängnisvollen Operation. Deshalb mein Studium von Kepler«, das Pauli aus mindestens zwei Gründen mit großer Intensität betreibt. Zum einen weil der Astronom zu Beginn des 17. Jahrhunderts das Wort »archetypisch« »in einer Weise verwendet hat, die genügend ähnlich ist dem Gebrauch, den Jung von diesen Begriffen macht«. Und zum anderen glaubt er, »einen vielleicht nicht uninteressanten Zusammenhang aus Keplers Schriften nachweisen zu können zwischen seinem sphärischen Trinitätssymbol, das sich durch fast alle seine Schriften hindurchzieht, und seinem leidenschaftlichen heliozentrischen Glauben« (WB III, 489).

Symbolisches

Hier taucht der Begriff des Symbols auf, der nicht nur in Paulis Träumen, sondern auch in seinem Denken eine wichtige Rolle übernimmt. Er versteht – kurz gesagt – darunter abstrakte Zeichen, die emotional bewertet werden und insofern mit Gefühl beladen sind. Pauli hält zum Beispiel mathematische Darstellungen der Wirklichkeit für symbolische Beschreibungen, und er vermutet, dass mathematisches Talent an die Fähigkeit gekoppelt ist, in den algebraischen oder arithmetischen Zeichen mehr als nur bequeme Notationen – eben Symbole – zu erkennen. Dass damit sein eigenes Fach, die Theoretische Physik, eine Einrichtung zur Produktion oder Konstruktion

von Symbolen wird, stört ihn nicht nur nicht, sondern erscheint ihm völlig zutreffend.
Bei Kepler taucht das erwähnte »Trinitätssymbol« auf, das eine nicht zu überschätzende Rolle in der Entwicklung der Physik gespielt hat. Es wird im folgenden Abschnitt erläutert, in dem es ausführlich um Paulis Kepler-Studie geht. Sie ist 1952 erschienen, und zwar als zweiter Beitrag zu dem (nur noch antiquarisch verfügbaren) Band »Naturerklärung und Psyche«, der als Autoren C. G. Jung und W. Pauli aufführt. Bezeichnend ist, dass die Gemeinde der Physiker von diesem Pauli so gut wie keine Notiz genommen hat, und zwar bis heute.

Die Kepler-Studie zum Ersten

Das 17. Jahrhundert wird heute von Wissenschaftshistorikern als die Epoche der großen Wissenschaftlichen Revolution dargestellt, mit deren Hilfe die modernen Disziplinen Tritt fassen. Weder der Begriff noch das Konzept der Wissenschaftlichen Revolution waren weit verbreitet, als Pauli sich bemühte, Keplers Leistungen zu verstehen, um bei ihnen die »Hintergrundsvorgänge«, welche zur Entwicklung der Naturwissenschaften gehören, also die archetypischen »Urbilder der Seele«, sichtbar zu machen. Hier sollte noch erkennbar sein, was sich im weiteren Verlauf der Geschichte durch die nachfolgende Dominanz des Rationalen ins Unbewusste zurückziehen und dort verbleiben wird.
Kepler, der 1571 im württembergischen Weil geboren worden und 1630 im bayerischen Regensburg gestorben

ist, hat in einer Zeit gelebt, die durch »eine merkwürdige Zwischenstufe zwischen der früheren magisch-symbolischen und der modernen quantitativ-mathematischen Naturbeschreibung« zu charakterisieren ist:
»In der damaligen Zeit finden wir noch vieles eng beisammen, was später kritisch getrennt werden sollte: das Weltbild ist noch nicht in ein religiöses und ein wissenschaftliches auseinander gefallen. Religiöse Betrachtungen, ein beinahe mathematisches Symbol der Trinität, moderne optische Lehrsätze, wesentliche Fortschritte in der Lehre vom Sehvorgang und vom Auge, wie der Nachweis, dass die Netzhaut das empfindende Organ des Auges sei, finden sich im gleichen Buch ›Ad Vitellionem Paralipomena‹. Kepler ist leidenschaftlicher Anhänger des kopernikanischen heliozentrischen Systems, über welches er das erste zusammenhängende Lehrbuch verfasste (Epitome astronomiae Copernicanae)« (113f.).
Pauli spricht in dem Zusammenhang ausdrücklich von Keplers »heliozentrischem Bekenntnis« (im Unterschied zu einer heliozentrischen Überzeugung), und er weist folgenden Zusammenhang nach: Bei Kepler geht »das symbolische Bild… der bewussten Formulierung eines Naturgesetzes voran. Die symbolischen Bilder und archetypischen Vorstellungen sind das, was ihn zum Suchen nach den Naturgesetzen veranlasst. Deshalb sehen wir auch Keplers Anschauung der Entsprechung der Sonne und der sie umgebenden Planeten mit seinem abstrakten sphärischen Bild der Trinität als primär an: *Weil er Sonne und Planeten mit diesem archetypischen Bild im Hintergrund anschaut, glaubt er mit religiöser Leidenschaft an das heliozentrische System* – nicht etwa umgekehrt, wie eine rationalistische Auffassung annehmen könnte. Dieser heliozentrische Glaube, dem [der Protes-

tant] Kepler seit seiner frühen Jugend treu ist, veranlasst ihn, nach den wahren Gesetzen der Proportion der Planetenbewegung zu als dem wahren Ausdruck der Schönheit der Schöpfung zu suchen« (129).

Tatsächlich war Kepler »fasziniert von der alten pythagoräischen Idee der Sphärenmusik, [und er] suchte in der Bewegung der Planeten nach denselben Proportionen, die bei den harmonischen Klängen der Töne und bei den regulären Polyedern vorkommen. Alle Schönheit liegt ihm als echtem geistigem Nachkommen der Pythagoräer in der richtigen Proportion, denn ›Geometria est archetypus pulchritudinis mundi‹ (die Geometrie ist das Urbild der Schönheit der Welt)« (114).

Kepler verwendet die Begriffe Archetypus und Geometrie häufig zusammenhängend. Pauli zitiert seinen Satz: »Die Spuren der Geometrie sind in der Welt ausgedrückt, wie wenn die Geometrie gleichsam der Archetypus des Kosmos wäre«, und er findet in Keplers Hauptwerk *Harmonices mundi* genau die Auffassung der Erkenntnis, der er selber anhängt. Es heißt bei Kepler (wobei hier an einigen Stellen das lateinische Original mit angegeben wird): »Erkennen heißt, das äußerlich Wahrgenommene mit den inneren Ideen zusammenbringen und ihre Übereinstimmung (congruum) beurteilen, was Proclus [der Keplers Lieblingsautor war] sehr schön ausgedrückt hat mit dem Wort ›Erwachen‹ wie aus einem Schlaf. Wie nämlich das uns außen Begegnende uns erinnern macht an das, was wir vorher wussten, so locken die Sinneserfahrungen, wenn sie erkannt werden, die intellektuellen und innen vorhandenen Gegebenheiten (ante intus praesentia) hervor, sodass sie dann in der Seele aufleuchten (reluceant in anima), während sie vorher wie verschleiert in potentia dort verborgen waren« (120f.).

Was Kepler als Aufleuchten der Seele bezeichnet, kann man auch als Glücksempfinden bezeichnen, von dem eingangs die Rede war (s. o. S. 127), als das wunderbare Gefühl der Zufriedenheit, das sich als Folge einer gelungenen Entdeckung einstellt, wie die großen Forscher zwar wissen und es auch erzählt haben – die Philosophen scheinen dies aber nicht mitbekommen zu haben. Keine kalte Logik der Forschung kann die Wärme erfassen, die der Wissenschaftler fühlt, dessen Seele aufleuchtet, weil die geeigneten Bilder zur Deckung gekommen sind und eine Erkenntnis gelungen ist.

Im Übrigen begnügt sich Kepler in der zitierten Beschreibung der menschlichen Erkenntnisfähigkeit nicht mit dem Hinweis auf die »präexistenten inneren Bilder«; er fragt auch, wie diese Imaginationen in uns hineingekommen sind:

»Alle Ideen oder Formbegriffe (formales rationes harmonicarum) liegen im Inneren der Wesen (inesse), die Erkenntnisvermögen besitzen, und sie werden nicht etwa diskursiv innen aufgenommen, sondern hängen von einem natürlichen Instinkt ab (instinctu naturali) und sind mit eingeboren (connasci), so etwa wie den Pflanzenorganen die Zahl der Blätter oder die Zahl der Kammern im Apfel mit eingeboren wird.«

Eine unglaublich kühne Annahme, die Kepler hier macht, weil er ganz selbstverständlich den großen Zusammenhang bzw. die umfassende Einheit des Lebens bzw. der lebendigen Formen sieht, die erst der Gedanke der Evolution möglich macht, der im 19. Jahrhundert in Erscheinung tritt und bis heute gewöhnungsbedürftig bleibt. Jung und Pauli werden Keplers Vorstellung in seinem Sinne erweitern, mit der Folge, dass die Idee einer evolutionären Geschichte der archetypischen Bilder, die

Erkenntnis ermöglichen, für sie nur noch eine Fußnote wert war.

Wenn Kepler von »instinctus« spricht, das in einigen Übersetzungen von *Harmonices mundi* unsinnigerweise als »reine Anschauung« wiedergegeben wird, dann meint er damit so etwas wie das Wahrnehmungsvermögen, das Menschen gegeben ist, und er denkt dabei konkret an geometrische Figuren wie Kreis oder Quadrat, die uns zugänglich sind. Mit ihnen formuliert er Naturgesetze in mathematischer Sprache, etwa indem er notiert, dass das Quadrat einer Viereckseite die Hälfte des Quadrats des Durchmessers ist. Der an Einstein geschulte Relativitätstheoretiker Pauli ergänzt an dieser Stelle, dass wir »als Moderne kritisch bemerken [müssen], dass die Axiome der euklidischen Geometrie nicht die einzig möglichen sind«, und er fügt ganz allgemein – für alle erkenntnistheoretisch bemühten Philosophen – hinzu:

»Ich habe bereits früher die Warntafel aufgerichtet, man solle niemals durch rationale Voraussetzungen festgelegte Thesen als die einzig möglichen Voraussetzungen der menschlichen Vernunft erklären. Dabei habe ich insbesondere gewisse Formulierungen der Philosophie *Kants* im Auge, die mir abwegig zu sein scheinen. Ich schlage deshalb vor, auch für die Geometrie das a priori bei der – den *instinctus* leitenden – bildhaften Vorstufe der Ideen zu belassen« (124).

Natürlich haben Menschen die Neigung, ihre Sinneswahrnehmungen als Ausdruck einer euklidischen Geometrie der Welt zu interpretieren, und es hat »einer besonderen geistigen Arbeit bedurft [nämlich der vom Wunderkind beschriebenen Relativitätstheorie], um zu erkennen, dass deren Voraussetzungen nicht die einzig möglichen sind«. Durchweg gilt nur, was Kepler schon gewusst hat: »Die wahrnehmbaren Harmonien haben etwas Gemeinsames mit den archetypischen Harmonien, weil sie deren Begriffe und Vergleichsform erfordern« (125).

Die Träume von Descartes

In den Jahren, in denen Pauli seinen Ausflug in das 17. Jahrhundert übernahm, stand er in regem Briefkontakt mit Marie-Louise von Franz, einer Schülerin von C. G. Jung, die 1915 als Tochter eines österreichischen Offiziers in München geboren worden war und in Zürich ein Studium der klassischen Philologie mit abschließender Promotion absolviert hatte. Marie-Louise von Franz, die von Pauli als »Liebe!« in seinen Briefen angeredet wird und für die er eine aktive Phantasie über das Unbewusste mit dem Titel »Die Klavierstunde«[20] entwerfen wird (PJD, 317ff.), hatte sich angeboten, die Texte von Kepler zu übersetzen, die im Original in lateinischer Sprache verfasst waren, was Pauli voller Dank annahm. Er war im Zusammenhang mit der Kepler-Arbeit vor allem an bis dahin unbeachteten Schriften des Astronomen interessiert, insbesondere an seiner Auseinandersetzung mit dem britischen Zeitgenossen Robert Fludd, der zwar heute aus dem Bewusstsein der Wissenschaftshistoriker verschwunden ist – er erscheint in den meisten Lexika nicht mehr –, aus dessen Polemik mit Kepler sich aber ein wesentlicher Schluss ziehen lässt.
Marie-Louise von Franz war natürlich nicht nur als Übersetzerin tätig, sie hat zahlreiche eigene psychologische

Schriften verfasst und sich unter anderem in einer Studie über die Bedeutung von Träumen mit René Descartes beschäftigt, der als Mathematiker, Physiker und Philosoph im selben Jahrhundert wie Kepler gelebt und gewirkt hat. Die frühen Biographen von Descartes, die noch persönlich mit ihm zusammengetroffen sind, haben davon berichtet, dass sein Leben eine entscheidende Wendung durch drei Träume bekommen habe, die sie auf den Martinsabend des Jahres 1619 – also auf die Nacht vom 10. auf den 11. November – datieren, als Descartes sich in Deutschland – genauer in Ulm – aufhielt. Er träumte damals unter anderem von einem Sturmwind, der gegen eine Kapelle bläst und ihn durch die Gegend schleudert. Descartes träumt von Donnerschlägen und Wörterbüchern, und dabei versteht er die Wahrheit und Falschheit der menschlichen Erkenntnis, wie er selbst sagt, der davon überzeugt ist, dass sich ihm in den Träumen der Geist der Wahrheit gezeigt habe und sich nun die Schatztruhen der Wissenschaft öffnen bzw. eröffnen. Descartes beschließt daraufhin, eine »wunderbare Wissenschaft« zu kreieren, und er beginnt mit seinem bis in die Neuzeit wirksamen Programm, das sich knapp als *Mathematisierung der Erkenntnis* charakterisieren lässt.

1952 interpretiert Marie-Louise von Franz »Den Traum des Descartes«, und sie schickt ihr Manuskript an Pauli, der zunächst überrascht feststellt, dass es durch dieses Schreiben einen »synchronistischen Zusammenhang« (s. u. S. 155f.) gibt, da er in den Tagen von einem starken Sturm geträumt hat, in denen Frau von Franz über den Sturm im Traum von Descartes nachgedacht hat (WB IV-I, 458f.).

Wegen dieser Synchronizität geht Pauli ausführlich auf das Traum-Manuskript von Marie-Louise von Franz ein, obwohl er findet, dass ihre Arbeit »sowohl stilistisch als auch inhaltlich recht unzulänglich« ist, wie er anderen mitteilt (WB IV-I, 481). Pauli kommentiert Descartes' Träume in Schreiben an die Psychologin von Franz und an den Physiker Fierz, und zwar mit den entsprechend unterschiedlichen Schwerpunkten. Hier soll vor allem die Verbindung zur Physik hergestellt werden, wobei wir nicht der Versuchung widerstehen können, von seinem seltsamen »Naturgesetz« zu berichten, das Pauli in den entsprechenden Briefen für das Leben von Philosophen aufstellt:

»Die Regel, dass bedeutende Philosophen unverheiratet waren und dass Frauen in ihrem Leben eine höchst untergeordnete Rolle spielen, hat kaum Ausnahmen. Sie gilt unabhängig vom psychologischen Typus des Philosophen... bei so verschiedenen Persönlichkeiten wie z. B. Plato, Marsilio Ficino, Descartes, Leibniz, Spinoza, Newton, Kant, Schopenhauer. Man kann da fast von einem Naturgesetz sprechen« (WB IV-I, 463), und er macht Maria-Louise von Franz den Vorwurf, in ihrer Descartes-Arbeit »eine schöne Gelegenheit versäumt [zu haben], diese allgemeine Regel psychologisch zu deuten«.

Sie fällt ihm deshalb besonders auf, weil »Naturwissenschaftler und andere Gelehrte oft Familie, mit Weib und Kindern, haben«. Offenbar – so vermutet der in zweiter Ehe glücklich verheiratete Pauli – hat »das philosophische System... oft die Funktion einer ›Ersatz-Frau‹«.

Der für Pauli wirklich spannende Aspekt der Träume von Descartes hat aber damit zu tun, dass sie »ein Glanzbeispiel für die ›Hintergrundsphysik‹ meines früheren Aufsatzes« darstellen, wie er vor allem an dem Beispiel der so genannten Wirbeltheorie erläutert, mit der Descartes versucht, das Weltall zu verstehen. Der französische

Denker stellt sich in diesem einheitlichen Entwurf vor, dass sich die gesamte Himmelsmaterie, zu denen auch die Planeten gehören, sich immerzu nach Art eines Wirbels drehen, in dessen Mitte die Sonne liegt.
Pauli ist es nun »recht wahrscheinlich, dass die Wirbeltheorie Descartes' aus dem Traum stammt«, in dem ein »Wirbelsturm vor[kommt], der den Träumer ergreift«. »Wenn etwas physikalisch so blödsinnig ist wie diese Theorie«, so meint Pauli beschwörend, »dann *muss* es doch ›Hintergrundsphysik‹, d.h. ein psychologisch zu deutendes Symbol sein (›Projektion‹ des Unbewussten) (Was also Wasser auf meine alte ›Hintergrunds‹-Mühle wäre«) (WB IV-I, 480).

Die Kepler-Studie zum Zweiten

Den Namen von Descartes lernt nahezu jeder im Schulunterricht in der verkümmerten Form der kartesischen Koordinaten kennen, die meist als x, y und z bezeichnet werden und es erlauben, eine Darstellung des dreidimensionalen Raums zu geben, in dem wir uns bewegen. Die Betonung der Drei ist dabei wichtig, da sie zusammen mit dem Glauben an die Trinität, wie sie bei Kepler sichtbar wird und beschrieben worden ist, auf ein charakteristisches Element der Naturwissenschaft hinzudeuten scheint, die sich im Anschluss an das 17. Jahrhundert entwickelt. Pauli spricht ausdrücklich von der trinitaristischen Physik, die bis in die Zeit betrieben worden ist, in der die Quantenmechanik entsteht, deren zentraler Umschlagpunkt durch ihn selbst markiert wird und

»mit dem schwierigen Übergang von 3 zu 4 zu tun hatte«, wie Pauli im Oktober 1951 schreibt (WB IV-I, 375), »nämlich mit der Notwendigkeit, dem Elektron, statt der drei Translationen, noch einen weiteren, vierten Freiheitsgrad (der bald darauf als ›Spin‹ erklärt wurde) zuzuschreiben.«

Jung hat zwar einmal die Frage »Wie gelangt man von Drei zu Vier?« als »das bald 2000-jährige Problem« unserer Kulturgeschichte bezeichnet (PJ, 129), doch als Pauli mit dem 17. Jahrhundert und der Kepler-Arbeit beschäftigt war, gingen seine Gedanken in die umgekehrte Richtung. Er wollte wissen, warum bei Kepler (und später auch bei Descartes) die seit antiken Tagen gebräuchliche Vier (Quaternität) aufgegeben und gegen die Drei (Trinität) ausgetauscht worden ist. Er will es deshalb wissen, weil er der Ansicht ist, dass dies der modernen Wissenschaft nicht bekommt. Pauli vermutet nämlich, dass nur eine quaternär ausgerichtete Form von Wissenschaft wieder geistig fruchtbar und ethisch angemessen zugleich sein kann.

Tatsächlich ist die Dominanz der Vier in der antiken Wissenschaft, die sich uns als ganzheitliche und insofern heile Welt darstellt, unübersehbar. Jeder wird die vier Elemente kennen, aus denen sich die Welt ergibt, also Feuer, Erde, Wasser und Luft. Jeder wird die vier Elementartugenden kennen, die den Menschen auszeichnen, also Tapferkeit, Gerechtigkeit, Weisheit und Bescheidenheit. Jeder wird die vier Säfte kennen, die für die Gesundheit im Gleichgewicht zu sein hatten, also das Blut, den Schleim und die zwei Formen der Galle. Und so könnte man fortfahren, die quaternäre Grundstruktur des antiken Denkens mit vier logischen Operationen und vier Rechnungsarten aufzuzählen, die ihre breiteste Ba-

sis durch den Bund der Pythagoräer bekommen hat. Sie verehrten die Vierzahl, die sie Tetraktys nannten (mit der Betonung auf der letzten Silbe). Ihnen gefiel zum Beispiel, dass Vier nicht die erste teilbare Zahl – und damit keine Primzahl –, sondern die erste Quadratzahl ist, wobei diese Zahlen ihrem Harmoniebedürfnis entsprachen – wegen der Symmetrie der Faktoren.
Die Vier dominierte also das wissenschaftliche Denken, und es ist keine Frage, dass Kepler all ihre Schönheiten und ihre Verehrung durch die Pythagoräer kannte, die mit den Gesetzen der Töne die ersten Naturgesetze überhaupt formuliert hatten. Gerade deshalb sind nun für Pauli die Fragen besonders spannend, warum Kepler sich erstens von der Vier abwendet und sich stattdessen ein neues Symbol sucht, und warum andere Wissenschaftler ihm dabei folgen.
Da Keplers Symbol – die heliozentrische Darstellung der Welt – eine sphärische Form hat, spricht Pauli von Keplers Mandala, die er dann durch einen Analogieschluss psychologisch deuten kann: »In der Tat können wir an Keplers Anschauungen feststellen, dass das Planetensystem mit der Sonne als Zentrum zum Träger des Mandalabildes geworden ist, wobei die Erde zur Sonne als Zentrum sich verhält wie das Ich zum umfassenden ›Selbst‹« (133).
Der Begriff »Mandala« – es ist das Sanskrit-Wort für »Kreis« – gehört dem tibetanischen Buddhismus zu, und es wird in dieser Kultur gewöhnlich durch ein Kreisgebilde vorgestellt, in dem mehrere konzentrische Kreise und ein eingeschriebenes Quadrat zu sehen sind. Während der am weitesten außen gelegene Kreis das Bewusstsein – und damit die Verbindung mit der Außenwelt – symbolisiert, stellt das innere (abgeschlossene und ab-

getrennte) Quadrat die Innenwelt eines Menschen dar. C. G. Jung hat in seiner Lehre von den Archetypen auf Mandalas zurückgegriffen, die in Träumen auftraten und Auskunft über die Individuation eines Patienten gaben (den seelischen Zentrierungsvorgang seines Selbst).

Nach dieser kurzen Erläuterung kann verstanden werden, was Pauli an Keplers Hinwendung zur Drei und seiner Gelassenheit gegenüber der Vier und seiner Unbetroffenheit von der alten Tetraktys fasziniert:

»Da die Trinität vor Kepler nie in dieser besonderen Weise dargestellt worden ist und Kepler am Beginn des naturwissenschaftlichen Zeitalters steht, liegt es nahe, anzunehmen, dass Keplers Mandala eine Einstellung oder seelische Haltung versinnbildlicht, die, an Bedeutung weit über Keplers Person hinausgehend, diejenige Naturwissenschaft hervorbringt, die wir heute die klassische nennen.« Nun ist es zwar so, »dass bei den Forschern, welche die klassische Mechanik begründen halfen, der Blick nur nach außen gerichtet war«, doch gehört zu der damit verbundenen Erweiterung des Bewusstseins auch ein seelisches Geschehen, weshalb »die heliozentrische Lehre bei ihren Bekennern Zuschüsse von starkem emotionalen Gehalt aus dem Unbewussten erhalten hat« (132f.).

Pauli erklärt hier mit psychologischen Argumenten – mehr oder weniger als bekennender Jungianer, wenn man es so ausdrücken will – ein Phänomen, das von Wissenschaftsphilosophen nicht zur Kenntnis genommen und deshalb leider zu wenig bekannt ist: Der Vorschlag des Kopernikus, die Sonne in die Mitte des Universums zu stellen und der Erde die Bewegung zu überlassen, war weder zu seinen Tagen im 16. noch zu Keplers Zeiten im 17. Jahrhundert wissenschaftlich zu begründen. Dass sich die Idee des Kopernikus durchgesetzt hat – und zwar allgemein –, hat nichts mit empirischer Evidenz oder astronomischen Beweisen zu tun. Diese gab es nicht vor dem 19. Jahrhundert, und als sie dann vorlagen, hat sich niemand mehr dafür interessiert.

Die Hinwendung zum heliozentrischen Modell der Welt kann also nicht von außen, sie muss vielmehr von innen her verstanden werden, und genau dies unternimmt Pauli mit seiner Analyse.

Kepler hilft der Drei zum Durchbruch, und er tut dies konkret im Rahmen einer Auseinandersetzung mit dem englischen Arzt und Rosenkreuzer Robert Fludd, der in Oxford zu Hause ist und für den die Vierzahl eine wesentliche Symbolbedeutung hat. Sein Kosmos ist in vier Sphären eingeteilt, bei der es auch eine unterste gibt, in der sich der Teufel eingerichtet hat. Natürlich kennt auch Fludd die christliche Dreifaltigkeit, aber er sieht die Welt als Spiegelbild (!) des trinitatristischen Gottes, der sich in ihr offenbart. Dies erlaubt in geometrischer Hinsicht die Darstellung der Welt als Viereck, das aus zwei Dreiecken mit einer gemeinsamen Seite besteht (der Diagonalen des Vierecks). Fludd spricht ausdrücklich von der »Würde der Vierzahl«, die er als »göttlich« ansieht. Er weist zum Beispiel darauf hin, dass es »vier Grade der Natur« gebe, »die auf die vier Elemente bezogen sind, nämlich Sein, Leben, Fühlen (sentire) und Verstehen, die vier Welteckpunkte, die vier Dreiheiten am Himmel und die vier primären Qualitäten unter dem Himmel und die vier Jahreszeiten. Überhaupt wird die ganze Natur in vier Begriffen erfasst, nämlich Substanz, Qualität, Quantität und Bewegung. So pflegt eine vierfache Anordnung die ganze Natur zu erfüllen, nämlich die Samenkraft, die natürliche Vermehrung, die herangebildete Form und die Zu-

sammensetzung« (zitiert in Paulis Kepler-Studie in der Übersetzung von Marie-Louise von Franz, S. 183ff.).
Es ist zu beachten, dass Pauli, als er anfing, sich mit Keplers Trinitätsbild zu beschäftigen, »noch nichts von der Fludd'schen Polemik« wusste. Ihm war auch nicht bekannt, »dass die Vierzahl für Fludd eine so wesentliche Symbolbedeutung hat, ... ich wusste nur, dass für Kepler die ihm wohl bekannte pythagoreische Tetraktys *keine* symbolische Bedeutung hatte. So bin ich auch diesmal auf der psychologischen Linie *wieder* auf das Problem des Übergangs von 3 zu 4 gestoßen. In beiden Fällen hat bestimmt nicht Herr C. G. Jung mir das suggeriert, mich ausgerechnet mit dem Problem 3 und 4 auseinanderzusetzen. Deshalb bin ich ziemlich sicher, dass mit diesen Zahlen *objektiv* ein wichtiges psychologisches und vielleicht naturphilosophisches Problem verbunden ist« (BtA, 129).

Zwischen Drei und Vier

Dieses Problem versucht Pauli in seiner Kepler-Arbeit zu formulieren, wobei er vor allem die Lehren für seine eigene Zeit zu ziehen versucht. Was also ist der tiefer gehende Unterschied zwischen einer quaternären und einer trinitaristischen Einstellung, und welche Konsequenz hätte eine Antwort für die gegenwärtige Praxis der Wissenschaft, die sich mit Natur beschäftigt?
Zunächst weist Pauli darauf hin, dass sich die Auseinandersetzung zwischen Fludd und Kepler später wiederholt bzw. dass die durch sie repräsentierte Gegensätzlichkeit

erneut sichtbar wird, und zwar in Form des bekannten Streits, den Goethe vom Zaun bricht, als er polemisch gegen die Farbenlehre Newtons zu Felde zieht. Fludd verharrt im qualitativen Vorgehen seiner Zeit und lehnt das quantitative Vorgehen ab, wodurch sein Bewusstsein keine Kenntnis von Naturgesetzen erlangen konnte. Für ihn ist die qualitative Unteilbarkeit des Ganzen so wesentlich wie für Goethe, der eine Aversion gegen das Teilen und Zerlegen hat und unermüdlich den störenden Einfluss betont, den Apparate auf natürliche Phänomene haben. Für ihn verwirren Mikroskope und Fernrohre nur den reinen Menschensinn.

Pauli deutet die bekannten bzw. beschriebenen Unterschiede psychologisch, indem er den Fühltypus, der die Intuition bevorzugt, vom Denktypus unterscheidet, der die mathematische Präzision anstrebt. Diese Zweiteilung (was sonst?) basiert auf systematisch begründeten Ansichten von C. G. Jung, deren Begründung uns hier aber nicht interessieren muss, weil die getroffene Aufteilung unmittelbar einleuchtet und vielen aus dem alltäglichen Umgang mit Menschen vertraut ist. Pauli nutzt die psychologische Dimension wie folgt:

»Goethe und Fludd vertreten den Fühltypus und den Intuitiven, Newton und Kepler den Denktypus« (161), wobei es charakteristisch ist, dass der Fühltyp die Einheit der Natur unmittelbar erlebt und das Innen und Außen ganz selbstverständlich als zusammengehörend betrachtet. Der Denktyp beobachtet die Natur von außen und stellt ihr (statisches) Sein fest, was dem Fühltyp nicht richtig erscheinen kann, da er mit der Natur ganz anders verwoben ist und ihr (dynamisches) Werden spürt:

»Das Sein und das Werden ist eine Paradoxie wie alle Gegensatzpaare, wie auch das Denken und das Fühlen, das

Diskrete und das Kontinuierliche, [und] wie wir hinzufügen: wie auch Welle und Teilchen«, wie Pauli an Carl Friedrich von Weizsäcker schreibt, um die Bedeutung anschaulich zu machen, die der Ausflug ins 17. Jahrhundert für die Gegenwart mit Quantenmechanik und Komplementarität hat (WB IV-II, 696), die mit diesen Konzepten sogar in der Lage sein könnte, eine Brücke zwischen den genannten Gegensatzpaaren zu bauen. Denn »anders als für Kepler und Fludd erscheint uns heute nur ein solcher Standpunkt annehmbar, der *beide* Seiten der Wirklichkeit – das Quantitative und das Qualitative, das Physische und das Psychische – als vereinbar anerkennt und einheitlich umfassen kann« (163).

Den vielleicht entscheidenden Unterschied sieht er darin, »dass der quaternären Einstellung Fludds gegenüber der trinitaristischen Einstellung Keplers psychologisch die größere *Vollständigkeit des Erlebens* entspricht«. Bei Kepler gibt es keinen Versuch mehr, die »Einheit des inneren Erlebens ... mit dem äußeren Naturverlauf« anzustreben. Die alte Ganzheit der Naturbetrachtung war damit verloren gegangen und eine Vollständigkeit des Verstehens nicht mehr erreichbar – jedenfalls nicht in der klassischen Physik, die nun aufblüht, bis sie mit der Quantentheorie ihr jähes Ende erlebt:

»Seit der Entdeckung des Wirkungsquantums war die Physik gezwungen, ihren stolzen Anspruch, im Prinzip die *ganze* Welt verstehen zu können, aufzugeben.«

Doch dies sollte niemand als Verlust, sondern als Chance betrachten, denn »eben dieser Umstand könnte ... als Korrektur der früheren Einseitigkeit den Keim des Fortschritts in sich tragen in Richtung auf ein einheitliches Gesamtbild, in welchem die Naturwissenschaften nur ein Teil sind« (164).

Pauli schlägt an dieser Stelle vor, sich auf etwas zu konzentrieren, das in der Betrachtung der Naturwissenschaften nur kümmerlich oder oberflächlich bedacht wird. Gemeint ist die schon betonte Idee des Symbols; überhaupt formuliert es Pauli wiederholt als wichtige philosophische Aufgabe unserer Zeit, »die Idee der Wirklichkeit des Symbols« zu erkunden (WB III, 559), also einer Wirklichkeit, bei der die archetypischen Bilder mit berücksichtigt werden. Bekanntlich ist »nur ein Teil des Symbols durch bewusste Ideen ausdrückbar«, während »ein anderer Teil auf den ›unbewussten‹ oder ›vorbewussten‹ Zustand des Menschen« wirkt. Doch gerade deshalb stellt das Symbol »ein Gegensätze vereinendes« Drittes dar, das der reinen Logik nicht fassbar wird (PJD, 222).

In der Darstellung der wissenschaftlichen Ergebnisse zur Zeit von Fludd (und Kepler) griffen die Forscher – oftmals Alchemisten – auf symbolische Bilder zurück, mit deren Hilfe auch »die unmessbare Seite des Erlebens, die auch das Imponderabile der Emotionen und gefühlsmäßigen Wertungen einschließt, mit zum Ausdruck« gebracht werden kann. Ähnliche Bilder – »nämlich solche, die in Träumen und Phantasien spontan entstanden sind« – nutzt die moderne Psychologie, um Vorgänge in der kollektiven Psyche zu erkennen. Zur gleichen Zeit erkennt die Quantenphysik, dass Naturgesetze von solcher Art sind, »dass jeder bei einer Messung erworbene Gewinn von Kenntnissen mit dem Verlust von anderen komplementären Kenntnissen bezahlt werden muss. Jede Beobachtung ist daher ein Eingriff von unbestimmbarem Umfang… und unterbricht den kausalen Zusammenhang« (165). Es gilt also, die Rolle des Beobachters genauer zu beachten, der eine freie Wahl bei der Versuchsanordnung, dann aber natürlich keinen Einfluss – mehr hat. Die moderne Physik kann zwar dieser Rolle in befriedigender Weise Rechnung tragen, doch bleibt die Rückwirkung der Erkenntnis auf den Erkennenden »eine über die Naturwissenschaft hinausgehende Situation, da es zur Vollständigkeit des damit verbundenen Erlebens gehört, dass es für den Erkennenden verbindlich werden sollte«.

Pauli spricht damit das schwierige Thema an, das er als »Wandlungserlebnis des Erkennenden« bezeichnet und am Beispiel des heliozentrischen Systems erläutert hat. Die Verknüpfung der von außen gewonnenen Erkenntnis mit der sich innen vollziehenden Wandlung »lässt sich nur erfassen durch Symbole, die sowohl die emotionale Gefühlsseite des Erlebens bildhaft ausdrücken als auch in lebendiger Beziehung zum Gesamtwissen der Zeit und zum tatsächlichen Prozess der Erkenntnis stehen«.

Das Bedauerliche sei, dass »unserer Zeit die Möglichkeit einer solchen Symbolik fremd geworden ist« und wir keine Symbole mehr kennen »mit einer gleichzeitig religiösen und naturwissenschaftlichen Funktion«. Es ist dieser Mangel an Symmetrie, der die Probleme bringt, mit denen unsere naturwissenschaftlich bestimmte Welt nicht fertig wird.

Die nachfolgende Geschichte hat Pauli selbst erzählt: Er saß in Zürich allein im Café Odeon, und zwar am Fenster. Dabei grübelte er über das Gefühl nach, seine nur mäßig ausgeprägte und als minderwertig eingeschätzte psychische Veranlagung. (Im System der Jung'schen Psychologie bekommt diese Funktion die Farbe Rot zugeordnet.) Während Pauli dies tat, ging sein Blick nach draußen, wo ein unbekanntes, großes Auto geparkt war, das plötzlich Feuer fing und lichterloh brannte.
Es hat sich eingebürgert, solche Vorkommnisse von koinzidierenden Phänomenen ohne kausale Verbindung, über die es zahlreiche Berichte gibt, als »Pauli-Effekt« zu bezeichnen. Pauli selbst hat an diesen Effekt geglaubt und dafür folgendes Beispiel erzählt: Im Juni 1948 ist in Zürich das C. G. Jung-Institut eingeweiht worden. Zu dem dazugehörigen Fest war auch Pauli geladen. Als er die Räumlichkeiten betrat, stürzte eine Blumenvase um.
Besonders einflussreich konnte sich Paulis Anwesenheit auf technische Apparate auswirken. So ist – als er 1950 zu einem kurzen Besuch nach Princeton kam – das ganze Zyklotron der dortigen Universität abgebrannt, mit dessen Hilfe die Natur der Elementarteilchen erkundet werden sollte. Die Ursache des Feuers ist nie gefunden worden.

Die Physiker kennen nicht nur das Pauli-Prinzip, mit dessen Hilfe es in der Wirklichkeit ausgeschlossen wird, dass zwei Elektronen in einem Atom (allgemeiner: zwei »Elementarteilchen« mit halbzahligem Spin in einem stabilen System) sich in einem Punkt zusammenfinden und gemeinsame Sache machen. Sie kennen darüber hinaus auch den Pauli-Effekt, mit dessen Hilfe es in die Theorie der Wirklichkeit eingeschlossen wird, dass zwei Handlungsstränge (nicht nur im anorganischen Bereich, sondern auch im wirklichen Leben) in einem Punkt zusammenlaufen und dadurch gemeinsame Sache machen. Es geht beim *Pauli*-Effekt nicht darum, dass irgendetwas gleichzeitig passiert.[21]

Was passiert nicht alles gleichzeitig auf der Welt, ohne dass jemand davon Notiz nimmt? Wie viele Leute lesen gleichzeitig in einem Buch? Wie viele Züge fahren gleichzeitig ab? Es geht darum, dass Ereignisse, deren Verlaufslinien sich in einem Zeitpunkt überschneiden, von Menschen als gleichsinnig und zusammengehörend wahrgenommen werden. Es geht um koinzidierende Tatbestände, die zwar ursächlich nichts miteinander zu tun haben, die aber anders erlebt werden, nämlich so, als ob sie ursächlich auf ihre besondere Art auch zusammengehören.

Dies klingt zwar mysteriös – vor allem für Physiker und andere Wissenschaftler –, aber nach Ansicht der Kollegen von Pauli passte dies zu ihm, und zwar aus einem wahrnehmbaren Grund. Sie waren sich nämlich darüber einig, dass ihn eine etwas geheimnisvolle und unheimliche Aura zu umgeben schien, die sich in dem Pauli-Effekt manifestierte. Markus Fierz, der physikalische Schüler und verständnisvolle Briefpartner aus Basel, der von Pauli auch als »Bruder im Geiste« bezeichnet worden ist, hat dies einmal in einer Erläuterung zu dem von Pauli gemeinsam mit C. G. Jung herausgebrachten Band »Naturerklärung und Psyche« genauer vorgestellt, der die im letzten Kapitel ausführlich behandelte Kepler-Arbeit von Pauli enthält:[22]

»Auch ganz nüchterne Experimentalphysiker waren der Ansicht, dass von Pauli seltsame Wirkungen ausgingen. Man glaubte z. B., seine bloße Anwesenheit in einem Laboratorium erzeuge allerhand experimentelles Missgeschick, er erwecke gleichsam die Tücke des Objektes. Das war der ›Pauli-Effekt‹. Darum hat ihn z. B. sein Freund Otto Stern, der berühmte Künstler der Molekularstrahlen, nie in sein Institut hereingelassen. Das ist keine Legende, ich habe Pauli und Stern beide sehr gut gekannt! Pauli selber hat an seinen Effekt durchaus geglaubt. Er hat mir gesagt, er spüre das Unheil schon vorher als unangenehme Spannung, und treffe dann tatsächlich – einen anderen! – das erahnte Missgeschick, so fühlte er sich merkwürdig befreit und erleichtert. Man kann den ›Pauli-Effekt‹ durchaus als synchronistische Erscheinung … auffassen.«

Damit hat Fierz das Stichwort der Synchronizität geliefert, um das sich C. G. Jung in seinem Kapitel von »Naturerklärung und Psyche« bemüht. Jung präsentiert seine Idee unter dem Titel der »Synchronizität als ein Prinzip akausaler Zusammenhänge«, und er hat mit diesem Konzept große Dinge vor. Doch bevor dies genauer zur Sprache kommt, muss unbedingt noch die unter Physikern am besten bekannte und am häufigsten zitierte Geschichte mit einem Pauli-Effekt erzählt werden. Die meisten Wissenschaftler messen den geschilderten Vorfällen keine weitere Bedeutung bei, nehmen sie einfach als mehr oder weniger amüsante Begebenheit hin, die nichts zum weiteren Nachdenken enthält. Die in ihnen zutage tretende Symmetrie zwischen den beiden Sphären, die wir seit dem 17. Jahrhundert – nach der Vorgabe von Descartes – ungewöhnlich scharf als Geist (res cogitans) und Materie (res extensa) trennen, fällt ihnen weder auf noch ein, und jede weitere Beschäftigung mit synchronistischen Phänomenen kommt ihnen etwas »anstößig« vor, wie Fierz meint.

Die angekündigte Geschichte hat mit dem erwähnten Otto Stern zu tun, der an der Universität von Göttingen arbeitete und eines Tages in seinem Institut ein kompliziertes und aufwendiges Experiment vorbereitete. Mitten in den schon seit längerem durchgeführten Arbeiten passierte ein ungewöhnliches Missgeschick (das sich später nie wiederholt hat). Eines der Messgeräte explodierte, was lange Reparaturen und entsprechende Verzögerungen zur Folge hatte. Um sie nicht noch einmal erleben zu müssen und weiteren Ausfällen vorbeugen zu können, suchte man emsig nach dem Grund für die Störung. Doch trotz aller Bemühungen ließ sich weder ein technischer Defekt noch ein Schwachstelle im Material ausfindig machen, und auch schienen keine Fehler in der Handhabung gemacht worden zu sein (»menschliches Versagen«). Alle Bedienungsvorschriften waren korrekt eingehalten worden.

Als dieser Tatbestand klar war, breitete sich nach und nach unter den beteiligten Physiker der Verdacht aus, besondere »übernatürliche« Kräfte könnten ihre Hand im

Spiel gehabt haben, und einer von ihnen kam schließlich auf den Gedanken, zu überprüfen, ob es sich nicht doch um einen Pauli-Effekt gehandelt haben könnte. Man musste herausfinden, was Pauli getan hatte, als die Maschine explodierte. Wo hielt es sich zu diesem Zeitpunkt auf?

Die Nachfrage in Zürich brachte tatsächlich eine überraschende Antwort: Gerade am Unglückstag war Pauli mit dem Zug von Zürich nach Kopenhagen gefahren, und auf dieser Strecke musste er einmal umsteigen – und zwar in Göttingen. Pauli ist dort genau in dem Augenblick auf den Bahnsteig getreten, als im Institut die Lichter ausgingen.

Synchronizität

An dieser Stelle wird gerne gelacht, aber bei aller Freude über den Effekt sollte bedacht werden, dass die meisten Menschen eigene Erfahrungen der Art gemacht haben, die unter der Bezeichnung Pauli-Effekt beschrieben werden. Natürlich wird dies gerne mit leichter Handbewegung als »Zufall« abgetan, aber so ganz überzeugt klingen viele dabei nicht. Das Wort besagt ja nichts, und an dieser Stelle soll vorgeschlagen werden, das eigene Denken offen zu halten für die Möglichkeiten, die uns die Natur da bietet.

Darüber hinaus sollte erneut betont werden, dass Pauli selbst an die Wirklichkeit bzw. Wirksamkeit des Pauli-Effekts geglaubt hat bzw. von der Bedeutung der dazugehörenden Zufälle überzeugt war. Er hat dies wahr-

scheinlich deshalb leicht tun können, weil sich das mit diesem Begriff bezeichnete Geschehen als (physikalische) Manifestation seiner Nachtseite (Schattenseite) deuten ließ, wie es im psychologischen Jargon ausgedrückt werden könnte. Tatsächlich stand Pauli – wie Intellektuelle dies nicht selten tun – vielen Errungenschaften der Ingenieure fremd gegenüber. So hat er zum Beispiel zwar das Autofahren gelernt, aber viel Gebrauch hat er von dieser Kompetenz sicher nicht gemacht. Und geschrieben hat er immer mit einem Füllhalter – dabei kam schließlich sein Denken in Fluss, wie er oft nebenbei versichert –, und es ist nicht vorstellbar, dass er sich zu diesem Zwecke vor eine Maschine – gar vor einen PC mit Steuertasten und Escape-Funktion – gesetzt hätte, von seinem handwerklichen Ungeschick ganz abgesehen.
Die materiellen Produkte seiner Wissenschaft sind bei Pauli aber nicht nur nicht auf Gegenliebe gestoßen. Insgesamt hat er die technische Welt der Gegenwart sogar als bedrohlich und beunruhigend empfunden und immer das Gefühl gehabt, im »falschen Jahrhundert« zu leben. Es war vielleicht dieser seelische – offenbar am besten mit einem physikalischen Begriff erfassbare – Spannungszustand, der sich nicht nur seinen Kollegen mitgeteilt hat, sondern der zudem die sich oftmals unglücklich auswirkende »Gleichzeitigkeit des kausal *Nichtzusammenhängenden,* das man ›Zufall‹ nennt«, herbeiführte und dabei im Pauli-Effekt das Geistige und Materielle in einer Weise in Kontakt brachte, die »alle unsere Fassungskraft übersteigt«.
Die beiden zuletzt in Gänsefüßchen verpackten Formulierungen stammen von dem Philosophen Arthur Schopenhauer, und sie finden sich in einem Essay mit dem langen Titel *»Transzendentale Spekulation über die an-*

scheinende Absichtlichkeit im Schicksale des Einzelnen«. Pauli hat nicht nur diesen von den Schulphilosophen links liegen gelassenen Text Schopenhauers intensiv studiert und immer wieder durchdacht. Er nannte den Philosophen gerne »meinen Schopenhauer«, weil ihm dessen Schriften manches aus der modernen Physik vorwegzunehmen schienen und bereits so etwas wie den Pauli-Effekt enthielten, indem Schopenhauer in seiner oben zitierten Schrift auf die Bedeutung »sinngemäßer *Gleichzeitigkeitsrelationen«* hinwies.

C. G. Jung hat das zuletzt zitierte Wort als »Synchronizität« übersetzt und übernommen, um es in den Mittelpunkt seiner erwähnten Abhandlung über die Welt des Zufalls zu stellen. Die Synchronizität ist dabei für Jung »nicht rätselhafter oder geheimnisvoller als die Diskontinuitäten der Physik«, die zur Quantenmechanik geführt haben. Er weist darauf hin, dass es »nur die eingefleischte Überzeugung von der Allmacht der Kausalität ist, welche dem Verständnis Schwierigkeiten bereitet und es als undenkbar erscheinen lässt, dass ursachelose Ereignisse vorkommen oder vorhanden sein könnten« (»Naturerklärung und Psyche«, S. 106). Nachdrücklich macht er darauf aufmerksam, dass derjenige, der sich strikt an die naturwissenschaftliche Weltanschauung hält und nur regelmäßig wiederkehrende und durch das Experiment einschränkbare Ereignisse zur Kenntnis nimmt, seinen Gesichtskreis unnötig einengt und dabei »nichts anderes... als eine psychologisch präjudizierte Teilansicht« produziert.

Jung hat sich schon sehr früh in seiner Karriere mit Ereignissen befasst, die einen gemeinsamen Sinn haben und daher sinnvoll zusammengehören, obwohl sich keine traditionelle Verbindung auf naturgesetzlicher Basis nachweisen lässt. Es ging ihm dabei zum Beispiel um »die Wissenschaft des I Ging«, des berühmten chinesischen Orakelbuchs. Es kann einer vieltausendjährigen Überlieferung zufolge Auskunft über die Zukunft eines Einzelnen geben, wenn der bereit ist, eine ihn innerlich bewegende Frage zu stellen und sich auf ein relativ langwieriges und ausgeklügeltes System und langwieriges Verfahren einzulassen. Das I Ging gibt keine schnellen Antworten, aber die kontinuierliche und bis heute andauernde Verwendung dieser Sammlung kann als Hinweis auf die Korrektheit bzw. Verwendbarkeit vieler Prophezeiungen gewertet werden. Die Qualität der Vorhersagen, wie sie aus dem I Ging stammen, und das Vertrauen, das auch viele westlich erzogene Menschen in das östliche Orakel haben, lässt sich nur erklären, wenn dem hier zum Ausdruck kommenden Denken ein neuartiges – dem europäischen Vorgehen fremdartig erscheinendes – Kausalitätsprinzip zugrunde liegt, wie Jung darlegt. Um den damit verbundenen Zugang zu Tatsachen und ihre Bewertung wenigstens benennen zu können, führt Jung das Konzept der »Synchronizität« ein, und im Laufe seines Lebens festigt sich die Überzeugung, dass es sich »bei der Synchronizität nicht [nur] um eine philosophische Ansicht, sondern um einen empirischen Begriff [handelt], der ein der Erkenntnis notwendiges Prinzip postuliert« (»Naturerklärung und Psyche«, S. 99).

Als Jung dies um 1950 schreibt – und zwar im Alter von über 70 Jahren –, dauert sein Briefwechsel mit Pauli schon fast zwei Jahrzehnte an. Er hat dabei viel über die Probleme der Quantenphysik gelernt und vor allem die Bedeutung der Komplementarität erkannt, die für ihn zu einer »Einheit des Seins« gehört. Jung ist – wie Pauli – davon überzeugt, dass es »unerlässlich [ist], komplementär zu denken« (PJ, 117). Unter dieser Vorgabe entsteht in ihm die Idee, die Synchronizität als komplementäres Gegenstück der Kausalität aufzufassen, und er sieht mit diesem Konzept die Möglichkeit, die »Vollständigkeit des Verstehens« zu erreichen, um die es auch Pauli geht. Jung schlägt zu diesem Zweck vor, »die Triade des klassischen physikalischen Weltbildes... durch den Synchronizitätsfaktor zu einer Tetras [zu ergänzen], nämlich zu einem ein Ganzheitsurteil ermöglichenden Quaternio« (99).
Es bekommt folgendes Aussehen:

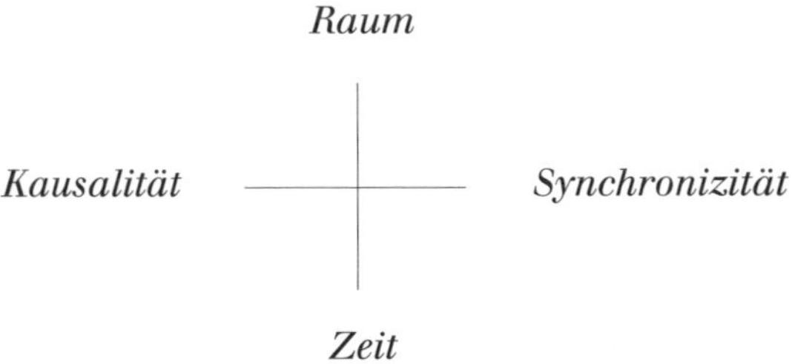

Jung glaubt mit seiner Darstellung sich eng sowohl an die Physik als auch an die Philosophie anzulehnen, und er schreibt: »Hierbei verhält sich die Synchronizität zu den drei anderen Prinzipien wie die Eindimensionalität der Zeit zur Dreidimensionalität des Raumes oder wie das widerstrebende Vierte im Timaios, das sich der Mischung mit der Drei nur ›mit Gewalt‹ beifügen lässt, wie Platon sagt. Wie die Einführung der Zeit als vierte Dimension in der modernen Physik das Postulat eines unanschaulichen Raumzeitkontinuums bedingt, so erzeugt die Synchronizität mit der ihr anhaftenden Sinnqualität ein Weltbild von einer zunächst beinahe verwirrenden Unanschaulichkeit. Der Vorteil dieser Ergänzung aber ist die Ermöglichung einer Auffassung, welche den psychoiden Faktor, nämlich einen apriorischen Sinn... mit in die Beschreibung und Erkenntnis der Natur einbezieht« (199f.).

Mit anderen Worten, Jung versucht charakteristische Elemente sowohl der raumzeitlichen Relativitätstheorie als auch der unanschaulichen Quantentheorie zu nutzen, und er bemüht sich dabei auf seine Weise, das Verhältnis von Psychologie und Physik zu verbessern.

Quaternität im Sinne von Jung

An dieser Stelle dürfen eine Anmerkung und eine Erinnerung nicht fehlen. Die Anmerkung: zu beachten, dass Jung das vorgeschlagene Viererschema als ein Mandala (s. o. S. 143) auffasst. Mandalas, deren Grundzahl nicht die Vier – sondern zum Beispiel die Drei – ist, weisen auf eine Störung im Weltbild hin, auf »eine Art Verkrüppelung«, »die auch eine Geschlossenheit des psychischen Prozesses unmöglich macht« (WB IV-I, 151). Eine trinitaristisch ausgerichtete Physik muss demnach unbeweg-

lich bleiben, und kreative Entwicklungen sind erst wieder zu erwarten, wenn sich die Wissenschaft quaternär erweitert und der Synchronizität öffnet.
Was die Erinnerung angeht, so gehört es zu den Grundkonzepten Jungs, sich die psychischen Grundfunktionen des Menschen in Form eines quaternären Schemas vorzustellen. Er unterscheidet vier solcher Qualitäten, die er mit umgangssprachlich sehr verbreiteten Begriffen bezeichnet (was bei oberflächlicher Betrachtung leicht zu Missverständnissen führen kann) und in Form von zwei Gegensatzpaaren wie folgt zusammenstellt:

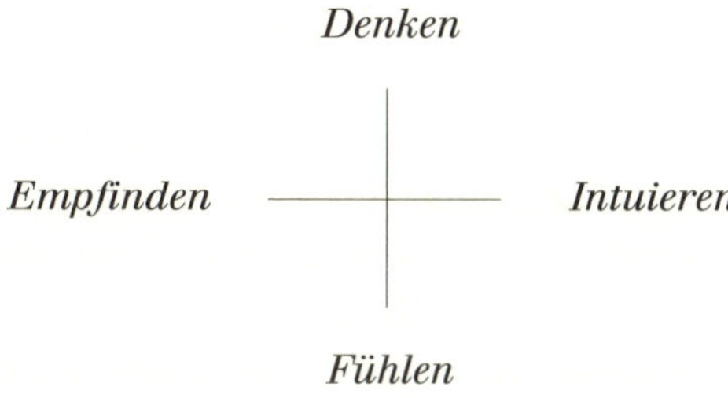

In seinem Band »Psychologische Typologie« drückt Jung aus, wie die genannten Eigenschaften zu verstehen sind (zitiert nach PJD, 206):
»Der Empfindungsvorgang stellt im Wesentlichen fest, dass etwas ist, das Denken, was es bedeutet, das Gefühl, was es wert ist, und die Intuition ist Vermuten und Ahnen über das Woher und Wohin.«
In dem Menschenbild von Jung sind zwar alle Grundfunktionen gleichberechtigt, sie werden aber in einem Individuum nicht in gleicher Stärke ausgeprägt sein. Es gibt Menschen, die mehr durch ihr Denken bestimmt sind – der Denktypus –, und es gibt Menschen, bei denen die Gefühlsseite besser ausgeprägt ist – der Fühltypus. Je-

der Einzelne wird sich so entwickeln (»Individuation«), dass in ihm eine der vier Qualitäten nur mangelhaft wirksam wird, was aber nicht heißt, dass sie unbedeutend ist. Im Gegenteil! Sie wirkt im Verborgenen und erlaubt die Verbindung zu den unbewussten Quellen des Wissens (den archetypischen Bildern), und deshalb wird diese psychische Funktion von Jung als »Schatten« bezeichnet. Jungs Vorschlag eines Viererschemas mit Kausalität und Synchronizität als komplementärem Gegensatz ist als Versuch zu sehen, der inneren Quaternität des Menschen eine entsprechende äußere Form der physikalischen Welt gegenüberzustellen. Beide können in seiner Vorstellung auf einen Archetypus zurückgeführt werden, der sich zu unterschiedlichen Zeiten unterschiedlich stark bemerkbar macht. In dieser Sicht der Dinge lässt sich zum Beispiel die romantische Wissenschaft im frühen 19. Jahrhundert durch das Überbewerten einzelner Ereignisse und die sich von ihr absetzende industrielle Wissenschaft im späten 19. Jahrhundert durch das Ignorieren einzelner Ereignisse charakterisieren. Beide Ansätze haben ihre Berechtigung und ihre erhofften Meriten, aber beide haben auch ihre Grenzen – sie bleiben unvollständig –, und sie ziehen dabei unerwünschte Folgen nach sich. Die romantische Wissenschaft kann die Menschen nicht ernähren, und die moderne Wissenschaft kann die Menschen nicht trösten.

Jungs Vorschlag versucht, den Einseitigkeiten der betriebenen Wissenschaft zuvorzukommen und ihr das Gleichgewicht bzw. die Symmetrie zurückzugeben, die ihr innewohnte, bevor die rational erfassbare Kausalität überhand nahm. Er schickt seinen Entwurf an Pauli und bittet ihn, als Physiker zu den Vorschlägen Stellung zu beziehen.

Pauli, der ebenfalls von der »Notwendigkeit eines weiteren, vom Kausalprinzip verschiedenen Prinzips der Naturerklärung« überzeugt ist und die trinitaristische Enge der Physik überwinden will, begrüßt Jungs Schema zwar im Prinzip, doch gibt es Details, die von seinem Standpunkt aus zu korrigieren sind. Pauli weist in seiner Antwort zum Beispiel darauf hin, »dass Raum und Zeit einander nicht gegenübergestellt werden [können, da dies] einem modernen Physiker nämlich besonders widerstrebt«, und er erklärt ausführlich, warum dies der Fall ist (WB IV-I, 193):

»Ich gebe zu, dass diese Gegenüberstellung des dreidimensionalen Raumes und der eindimensionalen Zeit in der Newton'schen Physik (von der man sagen kann, sie habe schon bei Kepler begonnen) natürlicher erscheint als in der modernen Relativitäts- und Quantenphysik, und ich bin mir auch bewusst, dass Zeit und Raum psychologisch insofern verschieden sind, als die Existenz eines Gedächtnisses (Erinnerung) die Vergangenheit vor der Zukunft auszeichnet, wofür es beim Raum kein Analogon gibt. Dennoch scheint mir die Gegenüberstellung von Raum und Zeit in Ihrem Schema [siehe oben] kaum annehmbar. Erstens bilden diese kein wirkliches Gegensatzpaar (da ja Raum und Zeit ohne weiteres zugleich auf die Phänomene anwendbar sind), und zweitens fallen auch Ihre eigenen ... Gründe für die wesentliche Identität von Raum und Zeit sehr ins Gewicht.«

Tatsächlich hatte der Psychologe Jung zu diesem gerade erwähnten Punkt geschrieben, dass »Raum und Zeit ... wohl im Grunde ein und dasselbe« sind, was er unter anderem mit dem Hinweis begründete, dass man im Alltag von »Zeiträumen« spricht. Es war dann Einstein, der die innere Reihenfolge dieses gebräuchlichen Begriffs umkehrte und zeigte, dass es eine »Raumzeit« ist, in der wir leben.

Raum und Zeit bilden seit Einsteins Tagen eine vierdimensionale Gesamtheit, und Jung macht sich die Tatsache zunutze, dass in dieser Vier eine Besonderheit auffällt – nämlich die Zeit, die sich den drei Dimensionen des Raums gegenübersieht. Er übernimmt sie in der psychologischen Quaternität, in der es neben drei bewusst wirkenden Funktionen einen Schatten gibt. (Im Übrigen lässt sich auch unter den vier Quantenzahlen für die Elementarteilchen eine besondere finden, die von den übrigen abweicht – nämlich die auf Unanschaulichkeit verweisende und von Pauli entdeckte Zahl für den Spin; s. o. S. 62f.).

Es gibt also viele Gründe, eine Quaternio – mit einem »3 + 1«-Muster zu finden, wenn man nach Vollständigkeit sucht. Um seinen physikalischen Einwänden Rechnung zu tragen, entwirft Pauli das folgende Schema, und er stellt es Jung als *»Kompromissvorschlag«* vor und zur Diskussion:

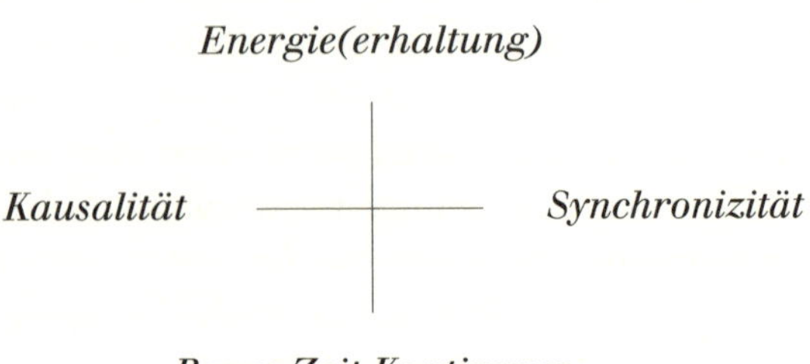

Pauli gefällt die Gegenüberstellung von Kausalität und Synchronizität allein deshalb, weil »die Natur eben so beschaffen ist, dass – analog zur Bohr'schen Komplementarität in der Physik – der Widerspruch zwischen der Kausalität und der Synchronizität niemals feststellbar ist.« Jung übernimmt diesen Vorschlag mit Begeisterung, denn »er befriedigt einerseits die Postulate der modernen Physik, andererseits die der Psychologie«. Die entsprechende »Quaternio« erscheint in der gemeinsamen Buchpublikation, wobei Jung für seine Leser das Paar der horizontalen Komplementarität gesondert erläutert, und zwar beschreibt er die Kausalität durch »Konstanter Zusammenhang durch Wirkung« und die Synchronizität durch »Inkonstanter Zusammenhang durch Kontingenz bzw. Gleichartigkeit oder ›Sinn‹« (102).

Drei plus Pauli

Nicht nur die physikalische Wirklichkeit und nicht nur das psychologisch Wirkliche lassen sich in der angegebenen Weise durch ein Kräftegleichgewicht charakterisieren, dem die heilige Vierzahl der Pythagoräer zugrunde liegt. Auch die Ebenen, die man als »geistig« beschreiben könnte, erlauben Konstruktionen dieser Art, und zwar mit besonderer Berechtigung, wenn es um Pauli geht. Er hat seine – im wörtlichen Sinne zu verstehende – persönliche »Beziehung zu Physik und Psychologie« ebenfalls durch ein quaternäres Netz darzustellen versucht, in dem »die Personen für geistige Haltungen stehen« (PJ, 122). Er stellt sich selbst darin Einstein gegenüber und sieht Jung und dessen analytische Psychologie als komplementäre Entsprechung zu Bohr und seiner intuitiven Physik:

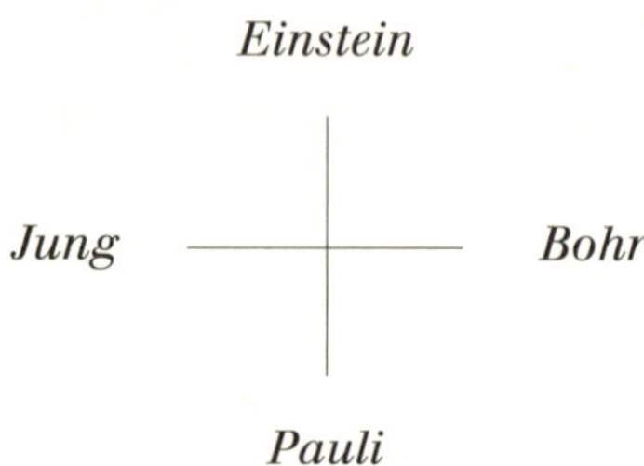

Es scheint, als ob Einsteins Idee des geistigen Sohnes hier eine psychologisch angemessene Darstellung gefunden hat. Über diese Charakterisierung hinaus hat Pauli sich selbst einmal so vorgestellt, dass es in ihm zu einer Mischung aus Schopenhauer, Bohr und Laotse kommt. An Schopenhauer – seinem »Lieblingsautor« – schätzte er vor allem den Stil, bei Laotse entdeckte er seine »chinesische Seite«, und Bohr kam ihm wie eine Inkarnation von Sokrates und seiner unermüdlichen fragenden Dialogbereitschaft vor.
Außenstehenden wie dem Autor ist es gestattet, die drei genannten Herren mit Pauli zusammen zu einem Quaternio zu verbinden, in dem der westliche Bohr dem östlichen Laotse und in dem der (unverheiratete) Schopenhauer, der für den Einzelnen ein Entkommen aus der Kausalität sucht, dem (verheirateten) Pauli entgegentritt, der dieses Entkommen in eine allgemeine Ordnung fassen möchte.

So leicht es einem Psychologen fallen mag, über Quaternitäten, synchronistische Sinnzusammenhänge und dazugehörende Korrespondenzen zu sprechen, so schwer tun sich Physiker im Normalfall mit dieser Idee. Schließlich ist einer der Gründe für den Erfolg der Naturwissenschaften darin zu sehen, dass es im Rahmen ihrer Disziplin immer wieder gelingt, die Aufmerksamkeit scharf zu konzentrieren und Fragestellungen eng zu begrenzen. Eine der grundlegenden Beschränkungen der Naturwissenschaft hat lange Zeit darin bestanden, sich nur um Phänomene zu kümmern, die reproduzierbar im Laboratorium beobachtet und anschließend vermessen und statistisch ausgewertet werden konnten. Die ganze Idee des wissenschaftlichen Experiments geht darauf hinaus, die wiederholbaren Aspekte der Natur zu untersuchen, deren Regelmäßigkeit dann als eine Form von deterministischen oder statistischen Naturgesetzen erscheint. Das Einmalige war grundsätzlich ausgeschlossen, wenn Naturwissenschaft getrieben wurde – jedenfalls sehr lange Zeit hindurch. Doch wie alle Festsetzungen konnte auch diese Eingrenzung des Tätigkeitsfeldes nicht damit rechnen, ein ewig gültiges und unverrückbares Prinzip zu sein, und so nach und nach drängte sich auch das Einmalige, das Unwiederholbare dem Blick der Naturwissenschaften auf. Der Kosmos ist zum Beispiel nicht reproduzierbar, trotzdem kann es eine wissenschaftlich betriebene Kosmologie geben. Und das Ozonloch sollte nicht reproduzierbar sein, trotzdem muss mit wissenschaftlichen Methoden versucht werden, theoretisch und praktisch mit ihm umzugehen. Und zwischen dem ohne uns entstandenen Kosmos und dem ohne uns undenkbaren Ozonloch stehen Ursprung und Evolution sowohl des Lebens im Allgemeinen als auch des Menschen im Besonderen. Obwohl sie alle wohl kaum reproduzierbar sind und sich vielfach auch einem experimentellen Zugriff verweigern, sollten sie trotzdem für wissenschaftliche Fragestellungen offen sein.

Was die Naturwissenschaften erfassen, wird gewöhnlich als »rational« bezeichnet. Ein allgemein gültiges Naturgesetz stellt einen rationalen – rational fassbaren – Aspekt der Natur dar. In dieser Sicht gehört das Einmalige nicht dazu, was im Umkehrschluss heißt, dass es irrational ist.

Dies klingt zwar logisch und einfach genug, spricht aber so etwas wie eine Verurteilung aus, denn mit Irrationalität will niemand etwas zu tun haben – zumindest nicht in wissenschaftlichen Kreisen. Wer einmalige und nicht wiederholbare Ereignisse zum Gegenstand einer Untersuchung machen will, muss erst lernen, die Bedeutung des Irrationalen positiv zu verändern. »Irrational« sollte dann nichts mehr mit »unsinnig« oder »verrückt« zu tun haben. Als »irrational« sollte vielmehr das verstanden werden, für das sich kein allgemeines Gesetz formulieren lässt. Die Zufälle des Lebens gehören ganz sicher dazu – und damit jede individuelle Existenz. Die Welt steckt voller Irrationalitäten – das Schicksal eines jeden Einzelnen gehört dazu –, und es wäre ein weit reichendes Defizit an Wissenschaftlichkeit, wenn Wissenschaft sich selbst verbietet, sich damit zu befassen.

Es ist nun erneut die Quantenmechanik, die an dieser Stelle nicht nur ein Umdenken erfordert, sondern zugleich auch ermöglicht. Was oben gesagt wurde, stimmt nämlich vor allem im Gültigkeitsbereich der klassischen Physik:

»Die definitorische Forderung der Reproduzierbarkeit im Naturgesetz hat… den *Verlust des Einmaligen* in der naturwissenschaftlich begrifflichen Beschreibung der Natur zur Folge. Was wir in der Quantenmechanik erlebt haben, ist das Auftreten des wesentlich Einmaligen an einer unerwarteten Stelle, nämlich bei der (›ungesetzlichen‹) Einzelbeobachtung« (WB IV-I, 56), wie Pauli einmal an Fierz schreibt, um dann auf einen wichtigen Unterschied hinzuweisen, der Jungs frühes Interesse an dem genannten Orakelbuch betrifft:
»Was mir beim I Ging-Orakel entgegentritt, ist dagegen die Möglichkeit, auch über das Nicht-Reproduzierbare Voraussagen zu machen, nämlich dadurch, *dass man sich in die Richtung des Vorganges einfühlt.* Dieses wird ermöglicht durch die synchronistische *Korrespondenz* zweier kausal nicht verknüpfter Vorgänge, und es ist auch dieses Richtungsgefühl, das mir vorschwebte, wenn ich sagte, dass hierbei etwas ›zur Zeit Analoges gemacht wird‹. Es scheint mir, dass man das spontane Auftreten der Sinn-Korrespondenz als ein Phänomen von dem induzierten Auftreten in der Divinatorik unterscheiden muss. Die ›Assimilation des unbewussten Inhaltes an das Bewusstsein‹ ist ein Vorgang, der sowohl mit einer Veränderung des Bewusstseins als auch mit einer ›Repercussion‹[23] des Unbewussten verbunden ist. Sie zeigt uns die ›duple‹ oder ›multiple‹ Erscheinungsform des unanschaulichen anordnenden Faktors.«[24]

Beim Nachdenken über irrationale Aspekte der Wirklichkeit, die immer mit konkreten Einzelfällen zu tun haben – im Gegensatz zu rationalen Aspekten, die nur als abstrakte »Dinge an sich« erscheinen und entsprechend nur als »der Möglichkeit nach seiend« aufgefasst werden können – erkennt Pauli bald, dass es sich hier um ein Problem handelt, das zum einen sehr alt ist und nun gerade durch die Quantentheorie eine neue Wendung bekommt. Was den ersten Punkt angeht, so sagte man im antiken Denken statt irrational »nicht seiend«, denn »nicht seiend ist das, worüber nicht gedacht werden kann, was sich der Erfassung durch den denkenden Verstand entzieht, was sich nicht in Begriffen einfangen und bestimmen lässt« (PJ, 94). Aristoteles hat dann – so sieht es Pauli – den Begriff »der Möglichkeit nach seiend« aufgestellt und auf das angewendet, was wir heute das Materielle nennen:

»Die heutige Wissenschaft ist nun ... an eine Stelle gelangt, wo sie den von Aristoteles (wenn auch in noch unklarer Weise) begonnenen Weg weitergehen kann. Die komplementären Eigenschaften des Elektrons (und der Atome) (Welle und Teilchen) sind in der Tat ›der Möglichkeit nach seiend‹, aber eine von ihnen ist stets ›der Aktualität nach seiend‹. Deshalb kann man wohl sagen, die nicht mehr klassische Naturwissenschaft sei zum ersten Mal eine wahre Theorie des Werdens« (PJ, 95).

Pauli möchte nun vorschlagen, den aristotelischen Ausweg aus dem Konflikt zwischen »seiend« und »nicht seiend« auf den Begriff des Unbewussten anzuwenden. Es sei nämlich falsch, das Unbewusste als »nicht seiend« zu bezeichnen und als bloße Abwesenheit von Bewusstsein zu deuten – so wie man früher das Böse als bloße Abwesenheit des Guten verstehen wollte. Vielmehr sei das Unbewusste – »ebenso wie die Eigenschaften des Elektrons und der Atome« – als »der Möglichkeit nach seiend« aufzufassen:

»Es ist eine legitime Bezeichnung des Menschen für Möglichkeiten des Geschehens im Bewusstsein und gehört als solche der echten symbolischen Wirklichkeit der ›Dinge an sich‹ an«, und »wie alle Ideen ist das Unbewusste zugleich im Menschen und in der Natur« (PJ, 96). Das wissenschaftliche Problem, das sich dabei stellt, ist »die begriffliche Erfassung der Möglichkeiten der irrationalen Aktualität des einmaligen (individuellen) Lebewesens«, und dieses Thema lässt sich nur dann verständlich fassen, wenn akzeptiert wird, dass »die Materie wohl ebenso tief wie der Geist« geht, und es braucht nicht betont zu werden, wie relevant dieser Gedanke für den Pauli-Effekt ist. Dieser Zusammenhang macht ihn überhaupt erst denkbar und möglich. Man muss ihn allerdings mit Leib und Seele erfassen, so wie Pauli es getan hat.

Der Lieblingsautor Schopenhauer

Ein irrationales Element der Wirklichkeit hat – in der Sicht Paulis – der Philosoph Schopenhauer benannt, dessen Hauptwerk »Die Welt als Wille und Vorstellung« heißt. Der Titel allein regt Paulis Phantasie an: seiner Ansicht nach müsste er im 20. Jahrhundert neu gefasst werden, nämlich als »Die Welt als Trieb und Vorstellung« (WB IV-I, 409). Der Grund für diesen Vorschlag steckt in der Feststellung, dass der Wille nur der bewusste Teil eines allgemeinen Triebs ist, jedenfalls im Rahmen der Psychologie, die C. G. Jung vertritt. Besser noch scheint es Pauli, »amor« statt »Trieb« zu sagen, wie man es in der Renaissance gemacht hätte. Die Liebe ist dabei als etwas Verbindendes gedacht, während die ihr gegenüberstehende (gedanklich-logische) Vorstellung als etwas Unterscheidendes gesehen wird. Schopenhauers Formel »Die Welt als Wille und Vorstellung« bedeutet für Pauli »nichts anderes als ›die Welt als komplementäres Gegensatzpaar‹« (WB IV-I, 487). Die Ideen sind der rationale Aspekt der Welt, dem sich der Wille als irrationales Element hinzugesellt.

Biologische Themen

Hier wird der Blick auf ein weites Feld der Philosophie frei, das aber nicht betreten werden soll, weil bislang die Wissenschaft noch nicht angesprochen worden ist, die sich vor allem um das Einmalige und Unwiederholbare kümmert. Gemeint ist die Biologie, die es sowohl im Bereich der Moleküle als auch auf der Ebene der Organismen mit nicht rationalisierbaren (irrationalen) Erscheinungen zu tun hat. Im einen Fall geht es um Ereignisse in Form von Mutationen, und im zweiten Fall um die konkrete Ausprägung einer Person zum Beispiel.

Pauli war sehr an biologischen Themen dieser Art interessiert, und er erörterte viele der dazugehörigen Fragen mit dem schon erwähnten Biologen Max Delbrück, durch den er sich über den jeweils aktuellen Stand der Biologie informierte. Die Wissenschaft vom Leben war damals dabei, sich zur Molekularbiologie zu wandeln und die Expedition zu den Genen zu beginnen. Der zu Paulis Lebzeiten erreichte Höhepunkt dieser Entwicklung ist die Entdeckung der Genstruktur, genauer der Struktur der chemischen Substanz (DNA oder DNS), aus denen das Erbmaterial einer Zelle besteht. Gemeint ist die berühmte Doppelhelix, die 1953 von James Watson und Francis Crick erarbeitet und vorgestellt wird. Sie zeigt, dass die biologische Information des Lebens von vier Buchstaben getragen wird, die Chemiker als Basen bezeichnen und die sich in Form von zwei Basenpaaren zusammenfinden können. Als Pauli von diesem Ergebnis erfährt, fällt ihm sofort der zahlenmystische Aspekt der Doppelhelix auf:

»Die alten Pythagoräer hätten, die Vierzahl verehrend, eine besondere Freude an der quaternären, auf zwei Gegensatzpaaren aufgebauten chemischen Struktur« des Erbmaterials DNA, das »für die Vorgänge der Vererbung und Fortpflanzung wesentlich ist« (PuE, 128).

Die mit der Doppelhelix aufgefundene molekulare Basis des Lebens gibt der Genetik an dieser Stelle nicht nur, was die Atomphysik nie finden konnte – nämlich anschauliche Modelle, die helfen, die grundlegenden Mechanismen im traditionellen wissenschaftlichen Rahmen widerspruchsfrei zu erklären. Die Doppelhelix erlaubt auch, die Genetik mit statistischen Gesetzen auf reproduzierbarer Basis zu versorgen. Die schwierige Frage, wie seltene oder sogar einmalige Ereignisse nicht nur wichtig und für die biologische Evolution wirksam, sondern zudem im wissenschaftlichen Rahmen zugänglich werden, bleibt dabei aber noch »unanalysiert und unverstanden«, wie Pauli bemerkt, um sich mit diesem Hinweis zu »begnügen« – jedenfalls in der veröffentlichten Form (PuE, 124).

Neue Naturgesetze

Privat und in den Briefen sieht die Sache anders aus. Eine der Fragen, die Pauli ausführlich beschäftigen, hat mit der Art der Naturgesetze zu tun, die in der Biologie angemessen wären, um den Vorgang der Evolution erklären zu können, dem eine Tendenz innewohnt – und zwar die zu Lebensformen größerer Komplexität hin –, die den bislang bekannten Naturgesetzen unzugänglich bleibt. Um diesen Mangel zu verdeutlichen, unterscheidet Pauli die deterministischen Gesetze der klassischen Physik von den statistischen Gesetzen der Quantenphysik, um zu fragen, ob eine der beiden Kategorien hinreichend für das Leben und seine besonderen Qualitäten – etwa der Fähigkeit zur Evolution – sein können. Er legt dabei stets Wert auf die Feststellung, dass dieser statistische Charakter der Preis ist, den man für den objektiven Charakter der Physik zu entrichten hat, der durch zwei Postulate garantiert ist:

»A) Der Beobachter hat zwar die freie Wahl zwischen einander ausschließenden Versuchsanordnungen, hat er aber einmal die Versuchsanordnung gewählt, so kann er das Resultat der Messung nicht beeinflussen.

B) Individuelle Eigenschaften des Beobachters kommen in den physikalischen Theorien nicht vor« (WB IV-II, 309).

Pauli ist zwar nicht unbedingt von der ewigen und ausnahmslosen Gültigkeit solcher Postulate überzeugt, die vielleicht gar nicht der Natur entsprechen, aber die Lebenserscheinungen brauchen mehr als nur solche Formulierungen, die im atomaren Bereich reichen und erfüllt sind. Er ist sicher, dass es nicht ausreicht, den »Zufall« als Erklärung hinzuzufügen, und er denkt über die Rolle der Synchronizität in der Entwicklung des Lebens und damit über die Möglichkeit einer physikalischen Deutung der evolutionären Richtung nach. Dabei riskiert Pauli folgende These (WB IV-II, 310):

»Es besteht die Möglichkeit von ›Simultangesetzen‹ *nichtkausaler* Natur, [die] einen sinnhaften Zusammenhang eines unteilbaren simultanen Geschehens behaupten, der sich in Entwicklungslinien äußert und dem Geschehen ein zweckhaftes (finales) Aussehen gibt.«

Nach einer Entschuldigung – »Leider kann ich das noch nicht bestimmter formulieren!« – fügt er hinzu: »Es würde dann das Gegensatzpaar ›Gesetzmäßigkeit–Zufall‹ verblassen, vielmehr würde dann bisweilen der Zufall eben sinn-zweckhaft gestört sein können (was in der Quantenmechanik *nicht* angenommen wird).«

Die erwähnten Simultangesetze nennt Pauli einen »dritten Gesetzestypus«, der »neben dem klassischen Determinismus einerseits [und] dem blinden (= *nicht* zweckhaften) primären Zufall andererseits« steht. Solch eine Form des Naturgesetzes sucht er »zunächst einmal in der Biologie, und zwar besonders bei der biologischen Evolution. Die Darwinisten behaupten ja, dass die ›zufälligen‹ kleinen Mutationen einfach *immer* vorhanden sind und dass dann die äußeren Umstände die zufällige (›natürliche‹) Auswahl (Selektion) treffen, sodass die am besten ›angepassten‹ Mutanten überleben« (WB IV-II, 310).

Pauli macht diese Vorschläge, weil sie zum einen seiner

Grundüberzeugung entsprechen: »Meine Grundhaltung bei alldem ist, dass die Übereinstimmung der Denkformen mit den Seinsformen *nicht* etwas *Einmaliges* und ganz *Einzigartiges* in der Natur sein kann, sondern dass hierzu nicht nur äußerliche, sondern wesentliche Analogien in anderen Lebenserscheinungen bestehen müssen.« Er denkt in diese Richtung, weil er zum anderen Rückhalt für die Ideen bei seinem Lieblingsphilosophen findet: »Es schwebt mir bei jenem dritten Typus der Naturgesetzlichkeit auch so etwas vor, was Schopenhauer in seinem Aufsatz ›Über die anscheinende Absichtlichkeit im Schicksal des Einzelnen‹ auszudrücken versucht hat. Dieser Aufsatz muss nur korrigiert werden hinsichtlich Schopenhauers zeitbedingter Voraussetzung, dass alles streng kausal und determiniert sei. Vom Standpunkt der heutigen Physik aus wird seine Idee noch viel plausibler.« Und er fühlt sich ermutigt aufgrund der Träume, die in den Fünfzigerjahren um ein zentrales Motiv kreisen, das sich am einfachsten als Suche nach einer neuen Physik charakterisieren lässt.

Die alte Physik – mit ihren statistischen Gesetzmäßigkeiten – ist unter anderem dadurch charakterisiert, dass sie *»alle unkontrollierbaren und unbewussten Faktoren aus den sodann reproduzierbaren Versuchsbedingungen eliminiert«* (WB III, 703), was konkret heißt, dass »die synchronistischen Sinngemäßheiten zerstört werden«. Die neue Physik müsste den Zufall besser erfassen, der von Biologen beschworen wird, wenn es um die Quelle der Neuerungen in der Evolution geht.

Die neue Physik meldet sich auch in seinen Träumen aus den frühen Fünfzigerjahren zu Wort. In ihnen geht es häufig um eine Berufung als Professor für Physik, wobei klar ist, dass damit kein gewöhnlicher Lehrstuhl gemeint sein kann. Er muss für eine neue Naturwissenschaft gedacht sein, und in Träumen wird Pauli von seiner Anima aufgefordert, darüber eine Vorlesung zu halten. Er hält unter dem 28. September 1952 z. B. folgende Phantasie fest (WB IV-II, 50), in der er einem chinesischen Mädchen begegnet, die ihn auffordert, ihm zu folgen:

»Die Chinesin ... macht eine Falltür auf und geht, diese hinter sich offen lassend, eine Treppe hinunter. Ihre Bewegungen sind eigentümlich tänzerisch, sie spricht nicht, sondern drückt sich stets pantomimisch aus, etwa so wie in einem Ballett. Ich folge ihr und sehe, dass die Treppe in einen Hörsaal führt. In diesem warten ›die fremden Leute‹ auf mich. Die Chinesin winkt mir weiter, ich solle auf das Podium steigen und zu den Leuten sprechen, ihnen offenbar eine Vorlesung halten. Während ich nun noch warte, ›tanzt‹ sie fortwährend rhythmisch von unten wieder die Treppe hinauf, durch die offene Tür ins Freie und dann wieder hinunter. Dabei hält sie immer den Zeigefinger der linken Hand mit dem linken Arm in die Höhe, den rechten Arm und den Zeigefinger der rechten Hand nach abwärts. Die wiederholte Anwendung dieses Rhythmus hat nun eine starke Wirkung, indem allmählich eine Rotationsbewegung (Zirkulation des Lichts) entsteht. Der Unterschied zwischen den Stockwerken scheint sich hierbei in einer ›magischen‹ Weise zu vermindern. Während ich nun wirklich aufs Podium des Hörsaals steige, erwache ich.«

Die »Vorlesung an die fremden Leute«, die sich als Antrittsvorlesung für den neuen Lehrstuhl verstehen lässt, hält Pauli erst bei einer späteren Gelegenheit. Was er dabei sagt, bringt er im Herbst 1953 als Teil eines umfassenderen Manuskripts zu Papier, das vier Jahrzehnte lang mehr oder weniger unbeachtet in den Archiven der ETH in Zürich gelegen (PJD, 324ff.). Es geht um eine »aktive Phantasie über das Unbewusste«, die den Titel »Die Klavierstunde« trägt und »Frl. Dr. Marie-Louise v. Franz in Freundschaft gewidmet« ist.

Es kann hier nur um die Vorlesung an die fremden Leute gehen, die ihm zuwinken. Pauli spricht zu ihnen von einer Physik, die »zu einem neuen Typus der Naturerklärung« finden musste, weil es ausgeschlossen ist, »die ganze biologische Evolution auf blinden, d.h. zweckfreien Zufall zurückführen [zu] wollen«. Denn »die Anpassung von Organen an die physikalischen Lebensbedingungen dürfte in der Tat kaum allgemein erklärbar sein durch einen zweckfreien Zufall, der schon vor der Realisierung dieser äußeren Umstände unter vielen anderen Mutanten auch die eine, erst später angepasste Mutante vorsorglich hat auftreten lassen. [...] Man hat sonach den Eindruck, dass die äußeren physikalischen Umstände einerseits und ihnen angepasste erbliche Veränderungen der Gene (Mutationen) andrerseits, zwar nicht kausal-reproduzierbar zusammenhängen, aber doch einmal – die ›blinden‹, zufälligen Schwankungen der auftretenden Mutationen korrigierend – sinnhaft und zweckhaft als unteilbare Ganzheit zusammen mit den äußeren Umständen aufgetreten sind.

Gemäß dieser Hypothese ... begegnen wir hier eben dem gesuchten *dritten Typus* von Naturgesetzen, der in einer *Korrektur der Schwankungen des Zufalls durch sinnhafte oder zweckmäßige Koinzidenzen nicht kausal verbundener Ereignisse besteht.* Während auf diese Weise das erstmalige Auftreten einer biologischen Anpassung als nicht kausal aufgefasst wird, erscheint es… nicht unmöglich, das erbliche Weiterbestehen einer solchen Genmutation, ist sie erst einmal ›gelungen‹, durch physikalisch-chemische Modelle zu verstehen« (PJD, 325f.).

Was Pauli hier anvisiert, könnte man als Versuch verstehen, die Bedingungen der Möglichkeit für eine umfassende Form der Naturwissenschaft zu finden, von der die bekannte Physik nur ein Teil ist. Ein Weltbild, in dem sinnvolle Korrespondenzen nicht nur eingeschlossen, sondern auch unauffällig sind, setzt natürlich einen neuen Umgang mit dem Leib-Seele-Thema bzw. dem psycho-physischen Problem voraus, das nach der Verbindung von Materie und Psyche sucht. Die Antwort ergibt sich aus der Anwendung der Komplementarität, der Pauli sein bewusstes Leben lang treu bleibt. In der »Hintergrundsphysik« von 1948 äußert er sich über die Frage, wie die psychologischen Begriffe Leben und Seele mit der Annahme zu vereinbaren sind, dass die physikalischen Gesetze ohne Ausnahme gültig sind (PJ, 188):

»Da in der Physik die deterministische Auffassung verlassen ist, besteht auch keinerlei Grund mehr, eine vitalistische Auffassung weiter aufrechtzuerhalten, gemäß welcher die Seele physikalische Gesetze ›durchbrechen‹ könne oder müsse. Es scheint vielmehr ein wesentlicher Teil der ›Weltharmonie‹ zu sein, dass die physikalischen Gesetze für die Möglichkeit einer anderen Beobachtungs- und Betrachtungsweise (Biologie und Psychologie) gerade so viel Spielraum lassen, dass die Seele alle ihre ›Zwecke‹ erreichen kann, ohne physikalische Gesetze zu durchbrechen.«

Als Pauli einmal ein Institut in Brüssel besuchte, das von dem italienischen Physiker Giuseppe Occhialini geleitet wurde, wollte man ihm mit einem sorgfältig inszenierten Pauli-Effekt empfangen. Eine Hängelampe wurde über einen sinnreichen Mechanismus mit der Eingangstür verbunden, und zwar so, dass sie in dem Moment mit Getöse herunterstürzen sollte, in dem Pauli das Laboratorium betreten wollte. Die Einrichtung bestand die Generalprobe vor Paulis Eintreffen glänzend – nur um völlig zu versagen, als Pauli selbst die Tür bediente.

Vielleicht halten einige Leser an dieser Stelle des Buches die oben erzählte Geschichte für trivial. Diesen Ausdruck verwenden Physiker oder Mathematiker, wenn sie ausdrücken wollen, dass ihnen etwas ohne Zögern einleuchtet und klar ist, ohne dass dies eigens bewiesen werden muss. In solch einem Fall sagen sie: »Das ist doch trivial.«

Pauli verwendete das Wort gerne und häufig in seinen Vorlesungen, wenn er diese oder jene Behauptung für trivial erklärte, um sich den Beweis zu ersparen. Eines Tages gab es Protest aus dem Auditorium: »Ist das wirklich trivial?« Pauli stutzte, er fing an zu grübeln, lief im Hörsaal auf und ab, verließ den Raum, ließ die Studenten viele Minuten lang allein und wendete sich dann an den Fragesteller: »Ja«, sagte er, »es ist trivial.«

Der kritische Humanist

Ein Charakteristikum seiner Epoche, das Pauli in seinen späten Lebensjahren erfahren konnte, bestand für ihn – von seiner Perspektive als Physiker aus betrachtet – darin, »dass die Naturwissenschaften ihren Anspruch, allein das Ganze der Welt geistig zu erfassen, aufgeben mussten« (WB III, 675). Darüber hinaus musste er in Anbetracht der Forscher, die sich mit der Entwicklung und Konstruktion von konventionellen und unkonventionellen Waffen beschäftigen, erkennen, »dass dem Wissenschaftler von heute – anders als zur Zeit des Plato – das Rationale sowohl gut als auch böse erscheint«. Besondere Gefahr ging dabei von der Physik aus, denn sie hat »ganz neue Energiequellen von früher ungeahntem Ausmaß erschlossen, die sowohl zum Guten als auch zum Bösen [verwendet] werden können«.

Mit dem Versiegen des geistigen Anspruchs und dem Auftauchen der materiellen Bedrohung stellt sich die Frage, in welche Richtung sich die künftige Wissenschaft bewegen soll. Welcher Weg steht ihr offen, damit sie ihr eigentliches Ziel erreichen kann, das trotz der neuen Lage das alte ist, nämlich, wie Pauli festhält, »letzten Endes der Mensch«?

Pauli ist der festen Überzeugung, dass Wissenschaft vor allem *»Aussagen über den Menschen«* machen will und wird.

Um sie bemüht er sich selbst. Pauli versucht deshalb auch, in seinen Briefen und Manuskripten die »Fragmente einer Philosophie« zu entwerfen, die er gerne als

»kritischer Humanismus« verstanden sehen möchte, wie er C. G. Jung gegenüber einmal eingesteht (WB IV-II, 56).

Die ethischen Grundlagen der Wissenschaft

Ausgangspunkt solch eines kritisch-humanistischen Denkens ist natürlich die innerlich bewusste und äußerlich bekannte Zugehörigkeit zur europäischen Kultur. Pauli schätzt sich unbedingt als »charakteristischer Abendländer« ein, dessen Tradition »die mathematische Naturwissenschaft [ist], die sich ... seit dem 17. Jahrhundert so rapide entwickelt hat«, allerdings mit der ebenso unbeabsichtigten wie unglücklichen Folge, dass »deren technische Auswirkungen nun bedrohlich werden«, wie er 1956 notiert. Damals hat er endgültig die Überzeugung gewonnen, dass die ethischen Grundlagen der neuzeitlichen Naturwissenschaft »unglaubwürdig geworden sind« (PJ, 140).

Worin bestanden diese Grundlagen? Wer alles auf einen Punkt – einen Ausgangspunkt – bringen will, kann sagen, dass die von Pauli angesprochene moderne Wissenschaft im 17. Jahrhundert in Bewegung kam, und zwar durch eine Idee des britischen Naturphilosophen Francis Bacon. Ihm zufolge können die Menschen Herrschaft über die Natur gewinnen, wenn sie ihre Gesetze erkunden und die entsprechenden Kenntnisse nutzen. »Wissen ist Macht« – mit diesem berühmten Diktum hat die Nachwelt Bacons Grundeinstellung verkürzt zusammenfasst, die als wesentliche Neuerung (»Innovation«) den Gedanken in die Welt brachte, dass Fortschritt möglich ist und die Lebensbedingungen für die Menschen auf Erden verbessert werden können – und zwar hier und heute und nicht erst später in irgendeinem Jenseits. Konkret meinte Bacon – und praktizierten seine Mitstreiter und Nachfolger –, dass sich durch geeignetes wissenschaftliches Vorgehen (zum Beispiel durch eine »induktive Logik«) Macht über die Welt gewinnen lässt, und zwar zum Vorteil der eigenen Art, deren Existenzbedingungen verbessert werden. Wissenschaftlicher Fortschritt sollte möglich sein, und als Ergebnis dieser ausschließlich rational geplanten und durchgeführten Aktion konnten sich Bacon und seine Zeitgenossen nur ein vermehrtes Wohlergehen – also humanen Fortschritt – vorstellen. Die für selbstverständlich erachtete Identität von wissenschaftlichen und menschlichen Fortschritten stellte die ethische Basis der entstehenden Naturwissenschaften dar, die sich über Jahrhunderte hinweg bewährte.

Diese Grundlage war spätestens mit dem 20. Jahrhundert hinfällig geworden und nach und nach verschwunden. Vor allem die beiden Weltkriege – mit den dazugehörenden Entwicklungen von chemischen und atomaren Waffen – hatten gezeigt, dass das angestrebte wissenschaftliche Herrschaftswissen nicht automatisch zu humanen Zielen führte. Der Fachverstand der Chemiker und Physiker produzierte nicht notwendig das Gute. Er erschuf vielmehr auch das Böse, und zwar mit rationalen Mitteln. Pauli kommentierte diese heute unübersehbar gewordene Realität, in die sich der moderne Mensch gestellt findet, durch die Bemerkung, dass sich der »Wille zu Macht mehr und mehr verselbständigt« habe, und er versuchte, einen Ausweg zu zeigen – wobei es niemanden überraschen wird, dass dabei der vertraute Gedanke der Komplementarität eine entscheidende Rolle übernimmt:

»Die Vergesellschaftung von *Wissenschaft und Macht* ist der Ausdruck dafür, dass dem naturwissenschaftlichen Zeitalter in zunehmendem Maße die geistige Kritik abhanden gekommen ist. Sie hat sich wohl des Intellekts bemächtigt, hat aber keinen adäquaten Ausdruck gefunden für den geistigen Aspekt des seelischen Wesens. Da nun der traditionelle Geist, den wir kennen, sich mit Machtstreben vergiftet hat, so muss uns geistige Erkenntnis von einem Ort zuströmen, dem die Naturwissenschaft von vorneherein jede Bedeutung abspricht, nämlich aus der Natur selbst, aus der Erde, und ihrer anscheinenden Ungeistigkeit« (PJ, 155). Kurz gesagt, für Pauli kann nur eine »chtonische, instinktive Weisheit… die Menschheit vor den Gefahren der Atombombe retten«. Aber dieser Vorschlag wird von Zeitgenossen kaum verstanden, geschweige denn aufgegriffen.

Zur Erinnerung:

Das Wort »chtonisch« hat einen griechischen Ursprung und stammt von »chton«, was »die Erde« meint. Es dient zur Kennzeichnung von Gottheiten, die im Gegensatz zu himmlischen Wesen mit der Erde verbunden sind und in ihr lebend gedacht werden. (Sie füllen die Materie mit Geist.) Von den Griechen selbst her ist zum Beispiel die Erdgöttin mit Namen »Gaia« bekannt, von der das Meer und die Berge stammen. Da ihr Name heute nicht nur als Bezeichnung für einen lebendigen und zugleich lebensspendenden Planeten Erde benutzt und akzeptiert wird, sondern auch als Name einer neuen Zeitschrift Verwendung findet, die sich um interdisziplinäre Ansätze und ganzheitliches Denken in den Naturwissenschaften bemüht, lässt sich an diesem Beispiel erkennen, dass unsere Gesellschaft – oder wenigstens ein Teil von ihr – inzwischen bereit ist, sich auf den Weg einzulassen, den

Pauli in den Fünfzigerjahren aufgezeigt bzw. angedeutet hat.[25]

Übrigens: Es wird oft gewitzelt über Intellektuelle, die als Wegweiser dienen, was eben auch heißt, dass sie den von ihnen erkannten Weg nicht selbst gehen und zum Beispiel politisch tätig werden. Warum Pauli nicht persönlich und aktiv handelnd in das Tagesgeschehen eingreifen konnte, sondern nur auf seine Weise schreibend und kommunizierend als kritischer Humanist tätig werden wollte, hat er einmal in einem Brief an Bohr erläutert, der selbst keineswegs vor Gesprächen mit Churchill und Roosevelt zurückschreckte (allerdings nur, um von den Politikern als naiv eingestuft zu werden). Pauli erläutert seine Zurückhaltung gegenüber einem öffentlichen Leben so:

»Wer dem Willen zur Macht etwas anderes, Geistiges, entgegensetzen will, darf nicht selbst einem Machtwillen so weit erliegen, dass er sich einen größeren Einfluss auf die Weltgeschichte zurechnet, als er der Natur der Sache nach haben kann« (WB IV-I, 172).

»Die Atombombe und die Zukunft des Menschen«

Das intellektuelle Klima der Fünfzigerjahre war unter anderem stark durch die Debatte um »die Atombombe und die Zukunft des Menschen« bestimmt. Dabei fanden bei dem breiten Publikum vor allem die Argumente Gehör, die der Philosoph Karl Jaspers in seiner gleichnamigen Schrift vorgetragen hat, die 1958 erschienen ist. Jaspers teilt darin die Beobachtung vieler Zeitgenossen, dass die Naturwissenschaften zwar das angestrebte Herrschaftswissen erreicht hatten, im Anschluss daran aber nicht wussten, wie sie die ihnen nun zur Verfügung stehend Macht nutzen sollten und konnten. In der Analyse von Jaspers hatte der Verstand – die Ratio – das technische Know-how gebracht, das wir heute auch Verfügungswissen nennen, und diesem Potential der Macht gelte es, ein gleichwertiges Bildungs- oder Orientierungswissen an die Seite bzw. gegenüberzustellen. Die Instanz, die dem Menschen für diesen Zweck zur Verfügung stünde, sei – so Jaspers – die Vernunft. Mit ihrer Hilfe müsste es möglich sein, über die Richtung bzw. die Ziele zu entscheiden, für die das angehäufte wissenschaftlich-technische Vermögen eingesetzt werden solle.

Pauli hielt von dieser Einstellung nicht viel, um es milde auszudrücken. Seine symmetrisch orientierte und auf Gleichgewicht vertrauende Grundposition sagte ihm, dass der Rückgriff auf die Vernunft nicht hilft, wenn die Rationalität Schiffbruch erleidet, wie es im Fall der Atombombe und in den Spuren der Umweltzerstörung erkennbar wird. Vernunft mag eine raffinierte und differenziertere Form der Rationalität sein, sie bildet dadurch aber kein Gegengewicht zu dieser Macht. In einer nach Symmetrie verlangenden und auf ein gleichgewichtiges Verständnis von sich ergänzenden Gegensätzen angelegten Sicht der Dinge, wie Pauli sie vertritt, kann die »böse Hinterseite der Naturwissenschaften«, die sich in vielen unbeabsichtigten Folgen ihres Fortschreitens erkennen lässt, nur durch die Besinnung auf komplementäre Gegensatzpaare zu kontrollieren sein. Pauli führt sie im Detail auf, denn »die in Frage stehenden komplementären (im Bohr'schen oder taoistischen Sinne) Gegensatzpaare sind für mich:

Bewusstsein	–	*Unbewusstes*
Denken	–	*Fühlen*
Vernunft	–	*Instinkt*
Logos	–	*Eros*

[wobei anzumerken ist, dass] die sprachliche Fixierung zugunsten der einen Hälfte [durch die sich die Gegenwart auszeichnet] nur das sichere Symptom ist, dass... die menschliche Ganzheit psychologisch nicht erreicht, oder sogar blockiert ist« (WB I, XXX).

Die verlorene Ganzheit

Die Ganzheit, von der Pauli spricht, nennt er auch »Einheitlichkeit«, und gelegentlich greift er auf das griechische Wort »Homo-usia« zurück, das er dann mit »Wesenseinheit« übersetzt. Sie besteht zwischen der archetypischen und der physikalischen Form der Welt (»Mundus archetypus« und »Physis«) und damit zwischen äußeren kausal-materiellen Vorgängen und inneren Ideenbildungen. An solch einer »Homo-usia« hält Pauli fest, wobei er die damit erreichte Ganzheit bzw. Einheitlichkeit als komplementäres Gegenstück zu der Vielheit ansieht, die sich in dem statistischen Charakter der Naturgesetze zeigt (WB IV-II, 142).

Die Vorstellung einer »verlorenen Ganzheit« ist vor allem im Westen bzw. in der europäischen Kultur ein altes Thema. Sie ist tatsächlich schon viel früher bemerkt worden. Friedrich Nietzsche hatte bereits im 19. Jahrhundert darauf hingewiesen, dass eine vollkommen logisch-analytisch erfasste und mathematisch verstandene Welt von jedem Gefühl entleert und damit wertlos wird. Sie entzieht sich dem Menschen und seiner Wahrnehmung. An einer solchen Welt haben wir so wenig (inneren) Anteil wie an einer Maschine, die rational konstruiert ist und strikt mechanisch nach Plan funktioniert. Wir können sie zwar einsetzen, wir können uns aber nicht in sie hineinversetzen. Wir stehen ihr letztlich fremd gegenüber und sehen ihrer eventuellen Zerstörung gleichgültig zu. Nur die irrationale Natur der Dinge bewahrt ihren Wert und sorgt dafür, dass sie nicht gleich gültig und damit uns nicht gleichgültig sind.

Nietzsche hat bekanntlich den Tod Gottes verkündet, und da konnte Pauli ihm nur zustimmen. Er wusste nichts mit einem Gott anzufangen, der mehr als die *»Ordnung im Kosmos«* war, und er konnte sich nur wundern, wenn ihm ein menschenähnliches Bewusstsein zugeschrieben werden sollte. Entsprechend empfand Pauli das Christentum mit einem Gott, der zugleich allmächtig und (ausschließlich) gut sein sollte, als zu willkürlich. Und der *»launische Tyrann Jahwe«* der Juden schien ihm ebenfalls intellektuell nicht vertretbar. Deshalb »bleibt mir nur das Ausweichen nach Osten (China und Indien) übrig« (WB IV-II, XXIX), und bei den entsprechenden geistigen und körperlichen Ausflügen[26] nahm ihn der ungeheure Umfang des *West-Ost-Problems* gefangen, wie er die Auseinandersetzung Europa versus Indien und China nannte. Pauli brachte seine Einsichten auf folgenden Standpunkt: »Für das Abendland charakteristisch ist die Wissenschaft und heute das Fehlen einer ihre Zwecke im seelischen Haushalt des geistigen Menschen erfüllenden religiösen Tradition. Im Osten ... hat man zwar keine Dogmen, aber auch keine Wissenschaft, und m. E. haben die alten Aufklärer übersehen, *wie sehr beides miteinander zusammenhängt:* die Ratio, besonders die Formulierungen in systematischen Gedankensystemen, werden im Osten überhaupt nicht hoch bewertet: man ist dort noch vor dem Sündenfall, im Unschuldsstadium, in halb poetisch ausgedrückter Einheit mit der Natur« (WB IV-II, 630). Diese Einheit mit der Natur, in der die Menschen noch keine Subjekte sind, die einer objektiven Welt gegenübertreten, um sie zu beherrschen, hat es – wie wir schon gesehen haben – auch in der europäischen Geistesgeschichte gegeben. Die Zeit, in der dies der Fall war, wird im romantischen Denken oft als »Nachtseite« bezeichnet, und zwar konkret durch den Philosophen Gotthilf Wilhelm Schubert, der 1808 Vorlesungen hält, in denen er seine »Ansichten von der Nachtseite der Naturwissenschaft« vorstellt. Natürlich wecken Einheitsbestrebungen und Ganzheitsbemühungen immer die Erinnerung an die Romantik, und oft wird dieser Blick als »rückwärtsgewandt« verschrien. Aber wer den romantischen Ansatz einer Naturwissenschaft verteufelt, übersieht möglicherweise einen Aspekt, der uns helfen kann und der zu spät auftauchen könnte, wenn er erst wieder neu entdeckt werden muss. Die Romantiker waren noch mit dem Gedanken vertraut, dass die Wissenschaft nicht nur eine geschaffene Welt *(natura naturata)* erklärt, sondern dass sie darüber hinaus auch als schaffendes Prinzip *(natura naturans)* in Erscheinung tritt. Die Physiker haben sich dies zwar mittlerweile mühsam im Rahmen der Quantenmechanik bewusst gemacht, aber die Molekularbiologen haben nicht einmal eine schwache Vorstellung von ihrer doppelten Rolle, die sich sehr wohl in einer Gegenwirkung (der berühmten »Rache der Natur«) auswirken kann – zu unserem Schaden.

Mit dem Anzünden der Lampe, die wir als westliche Wissenschaft kennen, verlassen die modernen Menschen nicht nur die romantisch klingende Nachtseite, sie treten auch aus dem »Unschuldsstadium« heraus, von dem oben im Zusammenhang mit dem östlichen Denken die Rede war. Diesen Schritt gilt es bewusst an- und entsprechend ernst zu nehmen. Tatsächlich können wir ohne Wissenschaft weder geistig noch materiell überleben, und natürlich »ist es die Wissenschaft (und nicht die Religion), die mich geistig ans Abendland fesselt«, wie Pauli stets bekundet hat. Und so stellte er sich 1954 der Herausforderung, einen Vortrag über *»Die Wissenschaft und das abendländische Denken«* zu halten, um den ihn das Mainzer »Institut für Europäische Geschichte« gebeten hatte. Das Thema lockte ihn auch deshalb, weil es die Möglichkeit gab, die Verbindung zwischen der Religion – und ihrer Heilserkenntnis – und der Wissenschaft – und ihrer Naturerkenntnis – im Überblick darzustellen. Das fertig gestellte Manuskript nannte Pauli sein *Mainzer Testament,* und es gehört zu den wenigen philosophischen Texten, die er im Laufe seines Lebens veröffentlicht hat (PuE, 102–112). Interessierte Leser sollten allerdings wissen, dass Pauli nicht sehr ausholend und episch formuliert, sondern seine Gedanken dicht packt und äußerst knapp formuliert, was ihn beschäftigt.

Pauli betont zunächst, was die Naturwissenschaften (und die Mathematik) von anderen geistigen Aktivitäten des Menschen unterscheidet, nämlich ihre Lehrbarkeit und ihre Prüfbarkeit. Mit der Lehrbarkeit – so banal sie klingen mag – wurde nicht nur eine fortschreitende Tradierung des erreichten Wissens und eine Weiterführung der verrichteten geistigen Arbeit erreicht, sondern auch so etwas wie das Gegenteil. Wenn sich nämlich ein neuer Gedanke – Pauli spricht von einem »schöpferischen irrationalen Element« – einstellt, bekämpften bald und gerne die Lehrer der neuen Weltsicht die Leistungen der früheren Generation. Auf diese kritische Weise kommt eine durchgängige Unstetigkeit in die Entwicklung der westlichen Kultur, die in der Folge durch viele Personen und Denkstile gekennzeichnet ist.

Dieser Kultur der Umbrüche steht – im Einklang mit dem Gedanken der Komplementarität – die Kontinuität des östlichen Denkens gegenüber. Dabei treten auch die ihre jeweilige Zeit repräsentierenden Persönlichkeiten in den Hintergrund, die doch im westlichen Diskurs genau umgekehrt behandelt und auf die Bühne des öffentlichen Diskurses gezerrt und hier mit großer Geste widerlegt werden: So wird zum Beispiel Alexander Gottlieb Baumgarten (1750) von Immanuel Kant (1780) kritisiert, der wiederum von Georg Wilhelm Hegel (1810) abgewiesen wird, den Schopenhauer nicht leiden kann – und so weiter bis auf den heutigen Tag. Nach wie vor verschwindet bei uns das Sachliche allzu oft hinter dem Persönlichen – mit einer dramatischen Folge:

Während im Westen das historische Ich heraustritt und das Individuum zum höchsten Wert bei ethischen Fragen wird, stellt das östliche Denken Prozesse und Zusammenhänge in den Vordergrund, die über die beteiligten Personen hinausweisen und deren Bedeutung und Bewertung in den Hintergrund treten lässt.

Pauli betont nun weiter, dass die Wissenschaft, die charakteristische Spezialität der europäischen Kultur, sich durch eine besondere Hinwendung zur äußeren Welt auszeichnet. Die Empirie feiert Triumphe, während die komplementär mögliche Abkehr vom sinnlich wahrnehmbaren Teil der Wirklichkeit, die gewöhnlich als Mystik bezeichnet wird, im Westen wenig Aufmerksamkeit auf sich lenkt. Trotzdem ist diese Art der geistigen Tätigkeit bei uns ebenso zu finden wie im Osten.

Die Mystik stellt nun – wie die Wissenschaft selbst – ein keineswegs einfach zu definierendes Tätigkeitsfeld dar. Doch kann wohl allgemein gesagt werden, dass im Rahmen dieser geistigen Grundeinstellung vielfach versucht wird, die Kluft zu überbrücken, die zwischen Mensch und Gott besteht (»unio mystica«). Der gemeinte eine Gott ist dabei nicht notwendig von persönlicher Natur mit Einfluss auf das individuelle alltägliche Dasein. Ein Mystiker strebt eher danach, sich von der Welt zu lösen – etwa in Form von Ekstasen –, und dies kann mit einem Verlust (einem Aufgeben) der eigenen Individualität verbunden sein.

In der abendländischen Sicht kann man bei diesem schwierigen Vorgang – wie Pauli es tut – von »der Auslöschung des Ichbewusstseins« sprechen, und genau dieses Geschehen ist für einen in der europäischen Tradition verwurzelten Menschen eigentlich mehr oder weniger ausgeschlossen. Trotzdem: Es hat mystische Bestrebungen in der abendländischen Geistesgeschichte gegeben. Es ist eine geschichtliche Tatsache, dass in Europa »auf Perioden nüchterner kritischer Forschung« oft andere gefolgt sind, bei denen »eine Einordnung der Wissenschaft in eine umfassendere, mystische Elemente enthaltende Geistigkeit erstrebt und versucht wird«. Dies versucht Pauli in seinem Vortrag zu verstehen, und er zieht aus seiner historischen Beobachtung einen Schluss, der wie ein Bekenntnis klingt:

»Ich glaube, dass es das Schicksal des Abendlandes ist,

diese beiden Grundhaltungen, die kritisch rationale, verstehen wollende auf der einen Seite und die mystisch irrationale, das erlösende Einheitserlebnis suchende auf der anderen Seite immer wieder in Verbindung miteinander zu bringen. In der Seele des Menschen werden immer beide Haltungen wohnen, und die eine wird stets die andere als Keim ihres Gegenteils schon in sich tragen. Dadurch entsteht eine Art dialektischer Prozess, von dem wir nicht wissen, wohin er führt. Ich glaube, als Abendländer müssen wir uns diesem Prozess anvertrauen und das Gegensatzpaar als komplementär anerkennen. [...] Indem wir die Spannung der Gegensätze bestehen lassen, müssen wir auch anerkennen, dass wir auf jedem Erkenntnis- oder Erlösungsweg von Faktoren abhängen, die außerhalb unserer Kontrolle sind und die die religiöse Sprache stets als Gnade bezeichnet hat« (PuE, 103f.).

Die Idee der Komplementarität und sein Vertrauen in die damit innerlich verlangte Symmetrie versetzen Pauli bereits 1954 in die Lage, das zu erkennen, was heute von mehr Menschen verstanden und akzeptiert werden kann. Es geht darum, dass »die rationalistische Einstellung ihren Höhepunkt überschritten [hat] und als zu eng empfunden wird«. Schließlich hat die rationale Wissenschaft zu »einer nicht direkt sinnlich wahrnehmbaren, durch mathematische oder andere Symbole aber erfassbaren Wirklichkeit, wie z.B. das Atom oder das Unbewusste« geführt. Die sichtbaren Wirkungen dieser abstrakten Wirklichkeiten haben sich freilich keineswegs notwendig als gut herausgestellt, sondern vielmehr das Gegenteil gezeitigt – etwa bei den atomaren Explosionen. Die in diesem Zusammenhang beobachtete modische »Flucht aus dem Rationalen« hat Pauli zwar als »verständlich« bezeichnet, er beharrt jedoch darauf, dass als einzige akzeptable Zielsetzung »eine sowohl das rationale Verstehen wie das mystische Einheitserlebnis umfassende Synthese« in Frage kommt (PuE, 112).

Der schmale Weg

Das Verhältnis, das Pauli selbst zu den komplementären Einstellungen von Mystik und Rationalität hatte, lässt sich am besten durch einen schon zitierten Satz ausdrücken, der so etwas wie die konzeptionelle »take-home-lesson« der Quantenphysik darstellen könnte:

»Nach meiner Ansicht ist es nur ein *schmaler* Weg der Wahrheit (sei es eine wissenschaftliche oder eine sonstige Wahrheit), der zwischen der Scylla eines blauen Dunstes von Mystik und der Charybdis eines sterilen Rationalismus hindurchführt. Dieser Weg wird immer voller Fallen sein, und man kann nach *beiden* Seiten abstürzen. Leute, die sich als *reine* Rationalisten angeben und gerne die anderen ›Mystiker‹ nennen, sind mir daher immer verdächtig, irgendwo einem recht primitiven Aberglauben verfallen zu sein. Ich bin daher nicht sonderlich überrascht, wenn Leute, welche mit der Verleihung des Titels ›Mystiker‹ an andere besonders freizügig sind und den Rationalismus alleine gepachtet zu haben vorgeben, sich als einem primitiven Tyche-Kultus erlegen herausstellen« (WB IV-II, 466).

Tyche – so heißt bekanntlich die Göttin der Schicksalsfügung, die für Glück oder Unglück zuständig war und der es gelungen ist, den Glauben an die olympischen Götter zu verdrängen. Der mit dieser Göttin zuletzt ausgeführte Seitenhieb bezieht sich damit konkret auf die zahlreichen Biologen, die meinen, die Benutzung des Wortes »Zufall« reiche aus, und schon befände man sich im Besitz einer wissenschaftlichen Erklärung, die den Besonderheiten des Lebens – zum Beispiel auch seinem Anfang – Rechnung trägt.

Es ist schwer, diesen schmalen Weg zu einer erlösenden Wahrheit zu finden, und Pauli hat ihn mit all den Kräften zu gehen versucht, die sein Leben ihm zur Verfügung gestellt hat. Er fühlte sich »in zwei Aspekte der Wirklichkeit hineingestellt: Die symbolischen ›Dinge an sich‹, die der Möglichkeit nach seiend sind, und die konkreten ›Erscheinungen‹, die der Aktualität nach seiend sind. Der erste Aspekt ist der rationale, der zweite der irrationale« (WB IV-II, 56).

Pauli hat für sich das angestrebt, was er das »Einheitserlebnis« genannt hat (WB IV-I, 395), und er hat für sich und seine Zeit die Chance für ein solches Erleben von und in der Wissenschaft deshalb nicht allzu gering veranschlagt, weil er die Vermutung hatte, dass mit der Quantentheorie die Rückkehr zu dem quaternären Denken gelingen könnte. Die moderne Form der Wissenschaft, die im 17. Jahrhundert ihren Anfang genommen hat, konnte er durch die Dreizahl charakterisieren, wie Pauli am Beispiel von Keplers Trinität verdeutlicht hat. Vor dieser Zeit bestimmte die Vierzahl das wissenschaftliche Denken und Treiben, und mit ihr war *»die größere Vollständigkeit des Erlebens«* (WB IV-I, 19) verbunden, die es nun wiederzugewinnen gilt. Um Wege zu ihrer Realisierung erkennen zu können, wendet sich Pauli den Epochen vor dem 17. Jahrhundert mit seiner wissenschaftlichen Revolution zu, und hier findet er – zum Beispiel in den Jahren der Renaissance –, was er sucht, denn »damals gab es noch nicht die Trennung von Erkennen und Erleben, denn die Erkenntnis der Natur war über die emotional-betonten Anfänge noch nicht hinausgekommen« (WB III, 726). Diese Analyse bringt ihn zu einer spannenden Frage, nämlich der: »Sollte es nicht Einsichten über die Natur geben, die ohne Gefühl nicht gewonnen werden können?«

Natürlich antwortet unsere rational orientierte Zeit darauf mit einem klaren Nein, denn spätestens seit der Zeit von Descartes gilt: »Ich denke, also bin ich«, und das heißt in der hier angelegten Konsequenz: »Ich denke, also brauche ich nicht mehr zu fühlen, um zu sein.«

Die modernen Wissenschaftler scheinen keinerlei Empfinden und Erleben zu kennen, wenn sie forschen. Jedenfalls erscheint nichts in den Zeitschriften, was auf das Gegenteil hinweisen könnte. Die letzten Wissenschaftler, die bei und mit ihrem Vorgehen das Einheitserlebnis gesucht haben, für das sich Pauli so sehr interessiert, waren die Alchemisten. Um ihren Ruf ist es heute nicht mehr zum Besten bestellt, aber Pauli schlägt vor, erst genauer nachzudenken, bevor man Hohn und Spott über sie schüttet. Natürlich sind ihre Methoden überholt, und Pauli weiß sehr genau, dass »aufgrund unseres heutigen physikalisch-chemischen Wissens … die Hälfte der alchemistischen Aussagen« leider dahinfällt. Aber trotzdem: Ihre Vertreter haben noch verstanden, dass sie sich auf einem Erlösungsweg befanden, an dessen Ende keine Leere stand, wie es die Religionen bieten. Für die Alchemisten war *»ein Weg zum schöpferischen Gleichgewicht zwischen den Gegensatzpaaren* (geistig, psychisch – materiell, chtonisch, physisch; gut, licht – böse, dunkel,

etc.) das Erstrebenswerte«, und im Grunde gilt auch für uns nichts anderes (WB IV-I, 395).
Pauli weist in dem Zusammenhang auf ein markantes Ungleichgewicht unserer Kulturgeschichtsschreibung hin. Wir bewerten allein die platonische Philosophie und ihre geistigen Höhenflüge positiv und verachten das alchemistische Treiben. Dabei handelt es sich um komplementäre Weisen des menschlichen Tuns: »Die Alchemie und ihr Prozess erscheint mir oft wie ein ins Materielle nach unten gespiegelter und daher vermenschlichter Platonischer Kreisstrom. [...] Der Alchemist ist die chtonisch-materielle Entsprechung des Platonikers, so wie der Antichrist die des Christen ist. Der große Unterschied ist, dass beim opus des Alchemisten etwas herauskommt, was vorher nicht in dieser Form da war (Bewusstwerdung), beim Platoniker aber nicht« (WB IV-I, 397).

Grenzlinien

Es kann nicht gut gehen, wenn wir unseren (komplementären) Schatten abschneiden und unsere (zum Ganzen gehörende) Nachtseite ignorieren. Wir müssen sie zur Kenntnis nehmen und uns zugleich von den Versuchen distanzieren, mit ihnen beliebige Zusammenhänge herzustellen und unsinnige Ansprüche zu erheben. Pauli hat klare Grenzlinien gezogen und zum Beispiel wiederholt betont, »es ist mir sehr ungemütlich«, »mit Parapsychologie, Spiritismus etc. in geistige Verbindung« gebracht zu werden. »Es wundert mich allerdings nicht, dass unkritische Leute, wenn sie in genügender Zahl in einem dunklen Zimmer beisammen sind, auch verrückte Dinge ›sehen‹ (d.h. sich vorstellen), aber ich möchte nicht, dass sie sich bei solchen Vorkommnissen auf mich berufen« (WB III, 480). Pauli macht sich lustig über die erkenntnistheoretische Praxis der auf diese Weise unwissenschaftlich beschäftigten Personen, »die Unterscheidung zwischen *Halluzination* und *realer Außenwelt* von der *Anzahl* der Leute abhängig zu machen, die miteinander übereinstimmen«.

Pauli will auch »absolut nichts mit Horoskopen zu tun haben«, die er bestenfalls »läppisch« findet (WB IV-I, 152), und es bedarf eines »naturwissenschaftlich ganz ungeschulten Geistes, darüber etwas anderes zu erwarten« (WB IV-I, 55). Er verachtet alle, die es sich zu leicht machen, nicht nur auf der mystischen Seite des schmalen Grats, auf dem wir versuchen, das Gleichgewicht haltend voranzukommen, sondern auch auf der rationalen. Er wirft den Physikern und Philosophen vor – »diese Herren, die in ›Endeavour‹ oder in ›Philosophia Naturalis Principia‹ schreiben«[27] –, dass sie alle »bei einer ungenügend analysierten Situation« stehen bleiben. *»Sie hören alle selbst viel zu früh mit dem Nachdenken auf* (werfen aber uns vor, dass wir selbst ihnen das Nachdenken verbieten)!« (WB IV-I, 169).

Mit »uns« ist Niels Bohr gemeint, dem Pauli im Oktober 1950 unter anderem das Ergebnis seines Nachdenkens über die Quantenmechanik mitteilt:

»Mein Schluss ist: unsere Freiheit zu experimentieren und die Notwendigkeit, unsere Erfahrungen im Raum-Zeit-Kontinuum zu ordnen, machen es unmöglich, für diese Einzelvorgänge einen kausalen Mechanismus logisch widerspruchsfrei zu denken. Alle über die Quan-

Wolfgang Pauli und Niels Bohr im Jahr 1951 im schwedischen Lund, beim betrachten eines Kreisels.

tenmechanik hinausgehenden Aussagen müssten den Charakter eines richtigen *Erratens* haben, wobei aber die von den Beobachtern gewählte Versuchsanordnung ebenfalls mit erraten werden müsste. Erraten betrifft aber jeden Einzelfall besonders, kann keine Aussagen machen, die sich auf *reproduzierbare Fälle* beziehen, hat nichts mit logischen Schlüssen zu tun und gibt keine Gewähr der Zuverlässigkeit für spätere Ergebnisse« (WB IV-I, 170).

Der Hauptgrund, aus dem heraus Pauli diesen – wieder sehr langen – Brief an Bohr schreibt, hat mit der geistigen Situation der Zeit zu tun, die durch das Stichwort »Kalter Krieg« gekennzeichnet ist. Die Frage lautet, ob nicht zur Beruhigung der Lage der Gedanke der Komplementarität in die Öffentlichkeit getragen werden müsse, und zwar mit aller Kraft und Lautstärke, die Bohr und andere aufbringen können – gerade weil der Gedanke westlich und östlich zugleich ist, weil er von Bohr und Laotse vertreten wird. Pauli entscheidet sich gegen den politischen Auftritt, den Bohr riskieren will, und er votiert für das stille Wirken (WB IV-I, 172):

»Es scheint mir, dass in einer solchen Situation [gemeint ist die Konfrontation der Supermächte aus Ost und West] der geistige Mensch, der an eine unsichtbare Realität jenseits des menschlichen Bewusstseins glaubt, nichts anderes tun kann, als in einem kleineren Kreise eine andere Bewertung des Sehens und all der Dinge zu verbreiten als diejenige der [uns umgebenden] lärmenden Ignoranz. Er soll dies mehr oder weniger vorsichtig tun und diejenigen… erkennen und geistig-moralisch unterstützen, die wie er selbst von einer Sehnsucht nach einer anderen Bewertung… erfüllt sind. Es sind gar nicht so wenige. […]

Ein chinesisches Sprichwort sagt: ›Ist das rechte Mittel in der Hand des verkehrten Mannes, so wirkt das richtige Mittel verkehrt.‹ Daher lege man kein Mittel in die Hand des ›verkehrten‹ Mannes, man wird damit keinen Erfolg haben.

Diese meine Einstellung ist *nicht* gleichbedeutend mit Hoffnungslosigkeit: im Gegenteil sind wir in einer historischen Krise wie der heutigen überhaupt nicht in der Lage, Prophezeiungen zu machen. Auch die verkehrten Männer sind nicht unsterblich, sie wechseln mehr oder weniger rasch, und auch die öffentlichen Meinungen sind starken Schwankungen unterworfen. Daher halte ich mich abseits und warte ab.«

Es liegt an uns, diesen Wartestand zu beenden, und es könnte sein, dass wir keine Zeit mehr für die Gelassenheit haben, die Pauli noch an den Tag legen konnte. In der westlichen Welt macht sich zunehmend Unbehagen an der Wissenschaft breit, und auffallend viele Forschungsfunktionäre sehen sich mehr und mehr dazu veranlasst, auf die Bedeutung der Wissenschaft für die Zukunft der Gesellschaft hinzuweisen, die doch selbstverständlich sein sollte. Man versucht mit wachsendem Aufwand und auf nachhaltig organisierte Weise, ein »public understanding of science« – ein öffentliches Verständnis für die Wissenschaft – zu erreichen.

Es ist zwar keine Frage, dass solch ein Verständnis nötig ist. Es ist aber sehr wohl die Frage, wie es erreicht werden kann. An dieser Stelle – mit Paulis Erfahrungen, Einsichten und Erläuterungen im Rücken – soll abschließend der Vorschlag gemacht werden, dass die Berücksichtigung des Schattens bzw. der Nachtseiten von Wissenschaft dabei eine wichtige Rolle spielen könnte. Mehr als deutlich hingewiesen auf diesen Aspekt hat der Physiko-Chemiker Hans Primas, der bis zu seiner Emeritierung Professor an der ETH in Zürich – Paulis geliebter akademischer Heimstätte – war und sich wie kaum ein Zweiter mit Paulis Denken vertraut gemacht hat. Nach der Publikation des Briefwechsels zwischen Pauli und Jung hat Primas mit dafür gesorgt, dass sich Wissenschaftler auf den »Pauli-Jung-Dialog« einlassen, und er selbst hat in diesem Zusammenhang »Über dunkle Aspekte der Naturwissenschaft« nachgedacht und geschrieben (PJD, 205–238). Primas weist dabei auf eine Hauptgefahr in der heutigen naturwissenschaftlichen Arbeit hin, die er – mit einem Ausdruck aus der Psychologie C. G. Jungs – als »psychische Inflation« bzw. als »Aufgeblasenheit« bezeichnet. Sie kommt zustande, wenn eine Idee dermaßen von einem Individuum Besitz ergreift, »dass er nichts anderes mehr sieht und hört. Er wird davon hypnotisiert und glaubt, soeben die Lösung der Welträtsel entdeckt zu haben«, wie Jung einmal erläutert hat (zitiert in PJD, 229f.). Bei diesem Vorgang »ist zu vermuten, dass ein archetypisches Bild sich dem Bewusstsein mit elementarer Gewalt aufdrängt« (PJD, 233).

Nun steckt die wissenschaftliche Welt tatsächlich voller faszinierender Ideen – vom Chaos bis zum Urknall. Dies wäre kein Problem, wenn beachtet wird, »dass Faszination auch besessen, rücksichtslos und blind machen kann. Sie ist wie eine gefährliche Droge, sie vernebelt vielen erfolgreichen Forschern die Sicht auf das Ganze« (PJD, 228), wie Primas anhand von zahlreichen Beispielen belegt. So zeigt sich zum Beispiel der berühmte Nobelpreisträger für Physik, Richard Feynman, »von der Atomhypothese so berauscht, dass er sich zu folgenden – naturwissenschaftlich offensichtlich unhaltbaren – Aussagen hinreißen ließ«:

»Alles ist aus Atomen aufgebaut. Das ist die Schlüsselhypothese. Die wichtigste Hypothese der gesamten Biologie ist z. B., *dass alles, was Tiere tun, Atome tun. Mit anderen Worten: Es gibt kein Verhalten der Lebewesen, das nicht unter dem Gesichtspunkt erklärt werden könnte, dass sie aus Atomen aufgebaut sind, welche physikalischen Gesetzen gehorchen.«*

Genau dies trifft aber nicht zu, wie in den Eingangskapiteln erläutert worden ist, und zwar gerade wegen des Pauli-Prinzips (das Feynman natürlich kennt). Das von

Pauli formulierte Verbot besagt ja in letzter Konsequenz, dass Elementarsysteme wie Elektronen mit klassisch nicht beschreibbaren Eigenschaften (wie dem Spin) keine anschaulichen oder anfassbaren Bausteine der Materie in der Art von Lego-Steinen sein können. Weder Elektronen noch Atome sind etwas Dingliches, mit denen sich das Vorgefundene aufbauen lässt.

Faszination führt also in die Irre, und das Problem der praktizierten abendländischen Naturwissenschaft mit ihrer einzig akzeptierten und von Philosophen sanktionierten Weise des rationalen Vorgehens besteht darin, dass sie »kein Ritual für den Umgang mit Fascinosa entwickelt« hat und den dabei auftretenden Verzerrungen mehr oder weniger hilflos ausgeliefert ist. Daher müssen wir – so die Folgerung von Primas – »wenn wir nicht untergehen wollen – uns der Quellen naturwissenschaftlicher Imagination bewusster werden. Es muss daher zu den unabdingbaren Pflichten eines modernen Naturwissenschaftlers gehören, sich jenes Wissen anzueignen, das ihn befähigt, mit der Faszination naturwissenschaftlicher Forschung umzugehen. Dazu gibt es verschiedene Möglichkeiten. Eine davon hat uns Pauli gewiesen, indem er sich mit Hilfe der Jung'schen Ideen auf das Reich der Träume und der Symbolik des Unbewussten einließ« (PJD, 234).

Primas ist ein viel zu guter Kenner der Komplementarität, um nicht zu wissen, dass neben der eben angesprochenen dunklen Seite der Naturwissenschaft auch eine helle bestehen und ihre Wirkung entfalten muss. Auf dieser Lichtseite der Wissenschaft finden sich ihre spielerischen, zweckfreien und poetischen Momente, die sich in dem Begriff der Schönheit zusammenfassen lassen. Die aufschimmernde Nachtseite macht nun nicht nur auf drohende Gefahren aufmerksam, sondern auch auf mögliches Genießen. Sie verdeutlicht, dass »echte Naturforschung mit Staunen und mit Schönheit zu tun [hat], mit menschlichem Erleben mithin«. Oder mit den Worten von Einstein, die aus dem Jahre 1943 stammen, als er im Schatten des Krieges »Mein Weltbild« entwarf:

»Das Schönste, was wir erleben können, [ist] das Geheimnisvolle. Es ist das Grundgefühl, das an der Wiege von wahrer Kunst und Wissenschaft steht. Wer es nicht kennt und sich nicht mehr wundern, nicht mehr staunen kann, der ist sozusagen tot und seine Augen [sind] erloschen.«

Wolfgang Pauli 1956 in Forte dei Marmi

1 Die Abkürzungen der zitierten Werke sind bei den Literaturhinweisen (s. u. S. 210ff.) erläutert.

2 Es gibt kurze Darstellungen von Paulis Leben, die wir Charles P. Enz, Karl von Meyenn und anderen verdanken; aber diese Texte wenden sich mehr an ein Fachpublikum und weniger an die Öffentlichkeit. Sie führen nicht zu Pauli hin und nützen eher dem, der den Physiker schon kennt und schätzt.

3 Um die Zitate besser lesbar zu halten, haben wir oft auf Auslassungszeichen verzichtet, die Paulis Schreibstil öfter nötig machen würde; auch orthographisch wurde manches leicht verändert.

4 Vgl. dazu auch: Ernst Peter Fischer, Die aufschimmernde Nachtseite. Kreativität und Offenbarung in den Naturwissenschaften (Libelle Verlag, Lengwil 2003, 3., erw. Aufl.).

5 Eine Zeittafel mit den Stationen von Paulis Leben findet sich im Anhang (S. 215).

6 Später wird Pauli gerne von »Papa Bohr« sprechen, wenn er sich auf dessen Ansichten bezieht.

7 Wer fragt, warum Planck den Buchstaben h wählte, wird als Antwort hören, dass in der theoretischen Wissenschaft der Anfang des Alphabets durch mathematische Formeln (etwa den Satz des Pythagoras $a^2 + b^2 = c^2$) und das Ende des Alphabets durch die Koordinaten x, y und z verbraucht sind; was bleibt, sind die Buchstaben in der Mitte, und von denen waren i, j, und k schon vergeben. Wahrscheinlich hat sich Planck deshalb für h entschieden, wobei mir gefällt, dass der Buchstabe h und das Wirkungsquantum h etwas gemeinsam haben. Sie wirken irrational, und es gab in beiden Fällen Menschen, die meinten, auf das h verzichten zu können: Planck wollte es später gerne wieder loswerden, um die Natur stetig zu machen, und einige

Sprachwissenschaftler des 18. Jahrhunderts hatten schon gemeint, das h sei überflüssig. (Siehe auch o. S. 6)

8 In seinem Brief hat Pauli noch den Namen »Neutron« vorgeschlagen, der aber heute für das elektrisch neutrale Teilchen verwendet wird, das Teil von Atomkernen ist und 1932 entdeckt werden konnte. Es ist das große Neutrale, während beim Beta-Zerfall das kleine Neutrale entsteht, das die Physiker fast liebevoll Neutrino nennen, nach einem Vorschlag des Italieners Enrico Fermi.

9 Die moderne Physik unterscheidet nicht nur eine Reihe von Neutrinos, sie kennt auch die entsprechenden Gebilde im Bereich der Antimaterie. Korrekt müsste es heißen, dass bei dem 1896 zum ersten Mal beobachteten und von Lise Meitner und Pauli untersuchten Beta-Zerfall ein »Antielektronenneutrino« im Kern gebildet wird. Aber diese Details dürfen in diesem Rahmen ignoriert werden, und daher ist im Text nur allgemein von Neutrinos die Rede.

10 Einsteins Ansatz wird von Pauli als »Fernparallelismus« bezeichnet. Die Vorsilbe »Fern« hat damit zu tun, dass jede Theorie, die eine Kraftwirkung erklären will, angeben muss, wie die Kraft von ihrer Quelle zum Wirkungsort hinreicht, der doch weit entfernt sein kann.

11 Das Antiteilchen zum Elektron.

12 Pauli nennt das Elektron in Analogie zum Positron an dieser Stelle »Negatron«, doch hat sich dieser Vorschlag nicht durchgesetzt.

13 Ein entsprechender Traum wird im Detail im Kapitel über »Das irrationale Element« vorgestellt (S. 152). Er findet sich in WB IV-II, 50.

14 Vgl. dazu meine Biographie von Max Delbrück, die 1985 unter dem Titel »Licht und Leben« (Universitätsverlag Konstanz) erschienen ist und als Taschenbuch »Das Atom der Biologen« heißt (Piper Verlag, München 1987).

15 Schubert hat 1808 Vorlesungen gehalten, in denen er seine »Ansichten von der Nachtseite der Naturwissenschaften« vorlegte. Die Idee der »Nachtseite« stammt also von ihm, wenn er sie auch völlig anders ausführt. Vgl. dazu das in Anm. 4 genannte Buch.
16 An dieser Stelle kann ein Hinweis auf die üble Rolle nicht erspart bleiben, die C. G. Jung in der psychoanalytischen Bewegung gespielt hat, als die Nazis an die Macht kamen und jüdische Wissenschaftler aus ihren Berufen trieben. Tatsächlich gibt es Äußerungen von ihm, die nur dem germanischen Menschen den »schöpferisch ahnungsvollen Seelengrund« zuweisen, aus dem das kreative Element des Erkennens fließt. Wer seine damaligen Äußerungen liest, wird deprimiert werden. Hier in unserem Buch kommt es aber nur darauf an, was Pauli Jung zu verdanken hat.
17 Die Formulierung von einem Opfer und seiner Wahl geht auf den französischen Philosophen Charles de Montet (1880–1951) zurück, der den Einfluss, den ein Beobachter durch eine Messung auf ein physikalisches System hat, durch diese Begriffskombination bezeichnete, die Pauli häufig verwendet hat. Wer eine Wahl hat, entscheidet sich ja nicht nur für, sondern auch gegen etwas. Dies ist das Opfer.
18 Wir benutzen den Ausdruck der Falsifizierung, der bei Popper nicht steht. Er verwendet »Falsifizierbarkeit« und »Falsifikation« und unterscheidet sehr genau zwischen diesen beiden Begriffen. Hier ist aber nicht Platz, diese Details zu erläutern. Das zentrale Argument wird davon nicht berührt.
19 Natürlich nicht, wie nach der Einleitung zu erwarten ist. Dies haben viele Wissenschaftstheoretiker auch gemerkt und Poppers Idee die Variation des »Fallibilismus« hinzugefügt, die hier unkommentiert bleiben soll.
20 Auf »Die Klavierstunde« wird in diesem Buch nur hingewiesen. Der Text ist mit Kommentaren im »Pauli-Jung-Dialog« ab-

gedruckt (S. 317ff.). Eine Interpretation müsste sehr weit ausholen und zum Beispiel die neutrale Sprache kenntlich machen, um die sich Pauli in dieser Phantasie über das Unbewusste bemüht.

21 »Gleichzeitig« ist im alltäglichen Sinn gemeint – »Meine Frau und ich stehen gleichzeitig morgens auf« –, also ohne Berücksichtigung der physikalischen Kritik, die Einstein an dem Begriff in der Relativitätstheorie geübt hat.

22 Markus Fierz, Naturwissenschaft und Geschichte, Birkhäuser Verlag, Basel 1988, S. 181–193.

23 Unter »Reperkussion« wird in der Musik die Tonwiederholung eines Themas verstanden, das von den Instrumenten vorgegeben worden ist.

24 Paulis zugleich eingängige und eigenwillige Wortschöpfung »duple« hat kein Resonanz gefunden und ist ohne Wirkung geblieben. Mit dem in heutigen wissenschaftlichen Kreisen ungebräuchlichen Begriff der »Divinatorik« sind nicht weiter aufregende Verfahren gemeint, bei denen mit Hilfe des Zufalls versucht wird, die Lage eines Menschen oder einer Gruppe zu erkunden. Man kann Karten legen oder irgendwo die Bibel aufschlagen und den ersten Satz lesen (und deuten), der ins Auge fällt.

25 Die Popularität von Hans Jonas und seinem »Prinzip Verantwortung« weist allerdings in eine andere (falsche) Richtung, denn bei Jonas geht es mehr um Heiliges als um Irdisches.

26 Hierzu gehört eine Indienreise in den Fünfzigerjahren.

27 Heute müsste es heißen: diese Herren, die in »Spektrum der Wissenschaft« und in den »Physikalischen Blättern« schreiben.

Literaturhinweise

Vorbemerkung

Im Laufe seines Lebens hat Wolfgang Pauli (1900–1958) im Wesentlichen wissenschaftliche Schriften veröffentlicht, die im Anhang in einer Auswahl zusammengestellt sind. Die vollständige Liste findet sich in dem von Charles P. Enz und Karl von Meyenn herausgegebenen und schon erwähnten Band »Wolfgang Pauli – Das Gewissen der Physik« (1988). Dieses Buch stellt eine reichhaltige Quelle für eine Pauli-Biographie dar und wird im Folgenden als EM zitiert.

Bereits 1984 ist eine Sammlung von erkenntnistheoretischen Texten von Pauli erschienen, und zwar als Nachdruck der 1961 zum ersten Mal herausgebrachten »Aufsätze und Vorträge über Physik und Erkenntnistheorie«. Der durch die Initiative von Karl von Meyenn neu aufgelegte und von ihm mit einleitenden Bemerkungen versehene Band trägt den Titel »Physik und Erkenntnistheorie« und wird als PuE zitiert.

Viele der philosophischen Ansichten von Pauli finden sich in seinen Briefen, die seit 1979 als »Wissenschaftlicher Briefwechsel mit Bohr, Einstein, Heisenberg u. a.« im Springer Verlag (Berlin) erscheinen und ebenfalls vor allem der Arbeit von Karl von Meyenn zu verdanken sind. Sie werden als WB (mit der jeweiligen Bandnummer) zitiert – wobei die Bemerkung erlaubt sei, dass sowohl dem Verlag als auch dem genannten Herausgeber etwas gelungen ist, was man einst ein »großes Werk« genannt hat und was man dereinst auch wieder so nennen wird.

Nicht nur die Zahl der Briefe, die Pauli geschrieben hat, ist erstaunlich, sondern vor allem ihre Länge, also der Umfang seiner Korrespondenz. Er erklärt seinen Briefpartnern manchmal, warum er so viel und so ausführlich schreibt. Es ist diese Tätigkeit, die ihm Gelegenheit gibt, seine Gedanken zu sammeln und auszudrücken. Bei Pauli findet die allmähliche Verfertigung der Gedanken beim Schreiben statt, und der Leser seines Briefwechsels hat Gelegenheit, an diesem spannenden Abenteuer teilzunehmen, das naturgemäß keinen Abschluss findet und ein Suchen bleibt. Noch sind nicht alle Briefe Paulis publiziert, aber die inzwischen vorliegenden Bände, mit denen die Jahre bis 1954 abgedeckt werden, bieten bereits Lesestoff von mehr als 6000 (!) Seiten.

An dieser Stelle muss deutlich auf das Attribut »wissenschaftlich« hingewiesen werden, das den Briefwechsel charakterisiert. Tatsächlich zeigt sich die helle und die dunkle Seite Paulis in dem, was er geschrieben hat, aber dies war den strikt physikalisch orientierten Herausgebern zunächst offenbar eher unangenehm. Erst nach langem Zögern konnten sie sich entscheiden, auch Paulis psychologische Briefe als wissenschaftlich anzuerkennen. Während auf diese Weise anschaulich wird, welche Schwierigkeiten der Umgang mit Paulis Denken dem voreingenommenen Geist bietet, darf auf keinen Fall der Eindruck entstehen, dass die Briefe, die sich auf physikalische Fachfragen beziehen, in der Minderzahl seien. Im Gegenteil! Die weitaus meisten Seiten füllen Pauli und seine Partner mit theoretischen Erörterungen mathematischer Formeln, die schwierige Fragen der Physik betreffen und dabei weite Bereiche von der Statistischen Physik mit ihrer Wahrscheinlichkeitsrechnung über die Quantenmechanik mit ihren Wellengleichungen bis zur Quantenfeldtheorie mit ihren Singularitäten erfassen. Die Schätze, die in diesen streng wissenschaftlichen Darstellungen enthalten sind, können hier nicht einmal im Ansatz gehoben werden. Wir beschränken uns hier auf die philosophischen und psychologischen Erkundungen Paulis und hoffen, sie wenigstens in Ansätzen nachvollziehbar machen zu können.

Den ersten systematischen Gebrauch dieser Art von Paulis wissenschaftlichen Briefen hat der finnische Wissenschaftsphilosoph K.V. Laurikainen gemacht. 1988 ist seine Analyse und Deutung der darin formulierten philosophischen Gedanken als Buch unter dem Titel »Beyond the Atom« erschienen. Dieses (zwar englisch verfasste, aber mit deutschen Zitaten versehene) Buch wird als BtA zitiert.

In den Neunzigerjahren ist – als gesondertes Werk – endlich der Briefwechsel zugänglich geworden, den Wolfgang Pauli und C.G. Jung von 1932 bis 1958 miteinander geführt haben. Das von C.A. Meier herausgegebene Buch ist 1992 erschienen und wird als PJ zitiert. Das in diesen Briefen enthaltene Material ist zwar von der Öffentlichkeit kaum zur Kenntnis genommen worden – »Wer ist denn Pauli?«, wurde der Autor dieser Zeilen von Redakteuren führender deutscher Wochenzeitungen gefragt, als er eine Rezension vorschlug –, es hat aber einige Physiker, Philosophen und Psychologen veranlasst, eine interdisziplinäre Konferenz über den Pauli-Jung-Dialog zu veranstalten. Die Ergebnisse dieser Tagung sind 1995 in einem Band mit dem Titel »Der Pauli-Jung-Dialog und seine Bedeutung für die moderne Wissenschaft« erschienen, der von H. Atmanspacher, H. Primas und E. Wertenschlag-Birkhäuser ediert worden (und ebenfalls bei Springer erschienen) ist. Dieses Buch wird als PJD zitiert.

Texte von Wolfgang Pauli

NuP
C.G. Jung und W. Pauli, Naturerklärung und Psyche, Rascher Verlag, Zürich 1952

PuE
Wolfgang Pauli, Physik und Erkenntnistheorie, Vieweg Verlag, Braunschweig 1988

PJ
Wolfgang Pauli und C.G. Jung – Ein Briefwechsel 1932–1958, herausgegeben von C.A. Meier, Springer Verlag, Berlin 1992

WB
Wolfgang Pauli – Wissenschaftlicher Briefwechsel mit Bohr, Einstein, Heisenberg u.a., mehrere Bände. (Springer Verlag, Berlin – die Reihe wird fortgesetzt)

Band I: 1919–1929
herausgegeben von A. Hermann, K.v. Meyenn und V.F. Weisskopf (1979)

Band II: 1930-1939
Herausgegeben von K.v. Meyenn (1985) (unter Mitwirkung von A. Hermann und V.F. Weisskopf)

Band III: 1940–1949
Herausgegeben von K.v. Meyenn (1993)

Band IV, Teil I: 1950–1952
Herausgegeben von K.v. Meyenn (1996)

Band IV, Teil II: 1953–1954
Herausgegeben von K.v. Meyenn (1999)

Band IV, Teil III: 1955–1956
Herausgegeben von K.v. Meyenn (2001)

Texte über Wolfgang Pauli

BtA
K.V. Laurikainen, Beyond the Atom – The Philosophical Thought of Wolfgang Pauli, Springer Verlag, Berlin 1988
EM
Charles P. Enz und Karl von Meyenn (Hrsg.), Wolfgang Pauli – Das Gewissen der Physik, Vieweg Verlag, Braunschweig 1988
PJD
H. Atmanspacher, H. Primas, E. Wertenschlag-Birkhäuser (Hrsg.), Der Pauli-Jung-Dialog und seine Bedeutung für die moderne Wissenschaft, Springer Verlag, Berlin 1995

Allgemeine Literatur

David C. Cassidy, Werner Heisenberg – Leben und Werk, Spektrum Akademischer Verlag, Heidelberg 1992
Charles P. Enz, No Time to be Brief – A scientific biography of Wolfgang Pauli, Oxford University Press, Oxford 2002
Ernst Peter Fischer, Die aufschimmernde Nachtseite –, Kreativität und Offenbarung in den Wissenschaften, Libelle Verlag, Lengwil 2003
Ernst Peter Fischer, Leonardo, Heisenberg & Co., Piper Verlag, München 2000
Ernst Peter Fischer, Werner Heisenberg – Das selbstvergessene Genie, Piper Verlag, München 2001
Werner Heisenberg, Der Teil und das Ganze, Piper Verlag, München 1969

Zeittafel

1900 Am 25. April geboren in Wien und am 13. Mai getauft.

1918 Reifeprüfung in Wien und erste wissenschaftliche Veröffentlichung zur Relativitätstheorie

1921 Studienabschluss mit Dissertation bei Arnold Sommerfeld und Veröffentlichung des Encyklopädie-Artikels über die »Relativitätstheorie«; im Wintersemester planmäßiger Assistent bei Max Born in Göttingen

1922 Beschäftigung mit dem anomalen Zeeman-Effekt (erst in Hamburg, dann bei Niels Bohr in Kopenhagen)

1923 Überwiegend bei Niels Bohr in Kopenhagen

1924 Habilitation in Hamburg und Entdeckung des Pauli-Prinzips

1925 Berechnung des Wasserstoffspektrums mit dem neuen Formalismus der Matrizenmechanik

1926 Verleihung des Professorentitels

1927 Programm zur Entwicklung einer Quantenfeldtheorie; philosophische Diskussion über die Lektion der Atome (Unbestimmtheit und Komplementarität)

1928 Antritt der Professur für Theoretische Physik in Zürich

1929 Erste gemeinsame Arbeit mit Heisenberg zur allgemeinen Quantenfeldtheorie; erste Heirat von kurzer Dauer

1930 Neutrino-Hypothese und Beginn einer Neurose; erstes Treffen mit C. G. Jung

1931 Erste USA-Reise

1932 Handbuchartikel über Wellenmechanik

1934 Heirat mit Franca Bertram und Einsetzen der Träume

1940 Gastprofessur am Institute for Advanced Studies in Princeton, New Jersey, ohne »Kriegsphysik«

1945 Verleihung des Nobelpreises für Physik

1946 Pauli nimmt amerikanische Staatsbürgerschaft an, kehrt aber an die ETH Zürich zurück

1948 Vorträge im Psychologischen Club Zürich über den Einfluss archetypischer Vorstellungen bei Kepler

1949 Pauli nimmt Schweizer Staatsbürgerschaft an

1952 Pauli tritt eine große Indienreise an

1954 Arbeiten über die CPT-Symmetrie

1957 Bekanntgabe der Paritätsverletzung

1958 Pauli erhält die Max-Planck-Medaille und die Ehrendoktorwürde der Universität Hamburg; er stirbt am 15. Dezember in Zürich

Ausgewählte Publikationen von W. Pauli

1919 Über die Energiekomponenten des Gravitationsfeldes, *Physikalische Zeitschrift* 20, 25–27

1920 Die Ausbreitung des Lichts in bewegten Medien, *Mathematische Annalen* 82, 113–119

1921 Relativitätstheorie, *Encyklopädie der Mathematischen Wissenschaften,* Band 5, Teil 2, 539–775

1922 Über das Modell des Wasserstoffmolekülions, *Annalen der Physik* 68, 117-240

1923 Über die Gesetzmäßigkeiten des anomalen Zeemaneffektes, *Zeitschrift für Physik* 16, 155–164

1924 Zur Frage der Zuordnung der Komplexstrukturterme in starken und schwachen äußeren Feldern, *Zeitschrift für Physik* 20, 371–387

1925 Über den Zusammenhang des Abschlusses der Elektronengruppen im Atom mit der Komplexstruktur der Spektren, *Zeitschrift für Physik* 31, 768–783

1926 Über das Wasserstoffspektrum vom Standpunkt der neuen Quantenmechanik, *Zeitschrift für Physik* 36, 336–363

1927 Zur Quantenmechanik des magnetischen Elektrons, *Zeitschrift für Physik* 43, 601–623

1928 Zur Quantenelektrodynamik ladungsfreier Felder, *Zeitschrift für Physik* 47, 151–173 (mit Pascual Jordan)

1929 Zur Quantendynamik der Wellenfelder, *Zeitschrift für Physik* 56, 1–61 (mit Werner Heisenberg)

1930 Zur Quantendynamik der Wellenfelder II, *Zeitschrift für Physik* 59, 168–190 (mit Werner Heisenberg)

1931 Zur Hyperfeinstruktur von Li^+, *Zeitschrift für Physik* 67, 743–765 (mit P. Güttinger)

1932 Diracs Wellengleichung des Elektrons und die geometrische Optik, *Helvetica Physica Acta* 5, 179–199

1933 Einige die Quantenmechanik betreffende Erkundigungsfragen, *Zeitschrift für Physik* 80, 573–586

1934 Über die Quantisierung der skalaren relativistischen Wellengleichung, *Helvetica Physica Acta* 7, 709–731 (mit Viktor Weisskopf)

1937 Über das H-Theorem in der Quantenmechanik, *Zeitschrift für Physik* 106, 572–587 (mit Markus Fierz)

1938 Zur Theorie der Emission langwelliger Lichtquanten, *Nuovo Cimento* 15, 167–188 (mit Markus Fierz)

1939 Über relativistische Feldgleichungen von Teilchen mit beliebigem Spin im elektromagnetischen Feld, *Helvetica Physica Acta* 12, 297–300 (mit Markus Fierz)

1940 The connection between spin and statistics, *Physical Review* 58, 716–722

1941 Relativistic field theories of elementary particles, *Review of Modern Physics* 13, 203–232

1942 The pseudoscalar meson field with strong coupling, *Physical Review* 62, 85–108 (mit S. M. Dacoff)

1943 On the non-existence of regular stationary solutions of relativistic field equations, *Annalen der Mathematik* 44, 131–137 (mit Albert Einstein)

1947 Remarks on the history of the exclusion principle, *Science* 103, 213–215

1948 Die Idee der Komplementarität, *Dialectica* 2, 307–311

1949 On the invariant regularization in relativistic quantum theory, *Review of Modern Physics* 21, 343–444 (mit F. Villars)

1950 On the connection between spin and statistics, *Progress Theoretical Physics* (Kyoto) 5, 526–543

1951 Arnold Sommerfeld, *Zeitschrift für Naturforschung* 6a, 468

1952 Der Einfluss archetypischer Vorstellungen auf die Bildung naturwissenschaftlicher Theorien bei Kepler, in Naturerklärung und Psyche, Rascher Verlag, Zürich (mit C. G. Jung); Die Geschichte des periodischen Systems der Elemente, *Vierteljahresschrift der Naturforschenden Gesellschaft Zürich* 97, 137–139; Theorie und Experiment, *Dialectica* 6, 141f.

1953 Der Begriff der Wahrscheinlichkeit und seine Rolle in den Naturwissenschaften, *Verhandlungen der Schweizerischen Naturforschenden Gesellschaft Bern* 1952, 76–79

1954 Wahrscheinlichkeit und Physik, *Dialectica* 8, 112–124

1955 Die Wissenschaft und das abendländische Denken, in: Europa – Erbe und Aufgabe, hrsg. von M. Göhring, Steiner Verlag, Mainz

1958 Die Verletzung von Spiegelungs-Symmetrien in den Gesetzen der Atomphysik, *Experientia* 14, 1–5

Der Autor

Ernst Peter Fischer, Jahrgang 1947, diplomierter Physiker, promovierter Biologe (bei Max Delbrück/Pasadena), habilitierter Wissenschaftshistoriker in Konstanz.

Als freier Wissenschaftsjournalist schreibt er u. a. für Weltwoche, FAZ, Spiegel, Focus, Geo, Bild der Wissenschaft.

Am bekanntesten machte ihn, als er sich über einen Bestseller von Dietrich Schwanitz geärgert hatte, sein souveräner Nachtrag »Die andere Bildung« (2001). Dass er damit selbst auf die Sellerlisten rückte, war – nach mehr als einem Dutzend Publikationen – ohnehin verdient.

Seine erste Buchveröffentlichung aber – just to remember – fand 1985 im Zeichen der Libelle statt: *»Die Welt im Kopf«*.

Fischers Verdienste um die Vermittlung naturwissenschaftlicher Erkenntnisse wurden mehrfach hochkarätig ausgezeichnet: Lorenz-Oken-Medaille, Treviranus-Medaille und Eduard-Rhein-Kulturpreis (2003).

Abbildungsnachweis

Brief S. 37, vom 2. Februar 1928 (Wolfgang Pauli an den ETH Schulratspräsident Arthur Rohn): © ETH Zürich
Fotos S. 51 und 199: © Niels Bohr Archiv, Kopenhagen
Fotos S. 74, 87, 205 und auf dem Umschlag: © CERN, Genève

Libelle: Bücher, Entzifferungen

Ernst Peter Fischer
Die aufschimmernde Nachtseite der Wissenschaft

Kreativität in den Naturwissenschaften:
Träume, Offenbarungen und neurotische
Missverständnisse in der Geschichte großer Entdeckungen

3., erw. Aufl., 140 S., br. • ISBN 978-3-909081-44-8

Arno Borst
Mönche am Bodensee

680 S., geb., neu illustriert • ISBN 978-3-905707-30-4

Das umfassendste Werk zum Mittelalter am Bodensee

Fritz Mühlenweg
Fremde auf dem Pfad der Nachdenklichkeit

Roman. Mit einem Nachwort von Gisbert Haefs

4. Aufl., 304 S., geb. • ISBN 978-3-909081-53-0

Peter Stobbe
Nach Delft gehen

Eine Erzählung vom Malen

128 S., geb. • ISBN 978-3-909081-91-2

Werner Otto von Hentig
Von Kabul nach Shanghai

Bericht über die Afghanistan-Mission 1915/16 und
die Rückkehr durch die Wüsten Chinas
Herausgegeben von Hans Wolfram von Hentig

288 S., geb., 17 s/w-Fotos, 1 Karte • ISBN 978-3-909081-37-0

Werner Otto von Hentig
Aber das Bild soll Euch bleiben

Ein Weihnachtsbrief von Werner Otto von Hentig
an seine Kinder aus dem Jahr 1943 und
Ein Brief von Hartmut von Hentig an den Verleger

80 S., Klappenbroschur • ISBN 978-3-905707-41-0

Ilse Helbich
Schwalbenschrift

240 S., gebunden • ISBN 978-3-909081-96-7

Nelly Dix
Ach, meine Freundin, die Tugend ist gut, aber die Liebe ist besser

Erzählungen

208 S., Klappenbroschur • ISBN 978-3-905707-43-

Christoph Meckel
Hier wird Gold gewaschen

Erinnerung an Peter Huchel. Mit Zeichnungen des Autors

80. S., Klappenbroschur • ISBN 978-3-905707-38-0

Fritz Mauthner
Der letzte Tod des Gautama Buddha

Eine Erzählung, herausgegeben und mit einem Nachwort versehen von Ludger Lütkehaus

128 S., gebunden • ISBN 978-3-905707-45-8

Bernadette Conrad
Nomaden im Herzen

Literarische Reportagen

144 S., Klappenbroschur • ISBN 978-3-905707-08-3

Yasmina Reza
»Der Gott des Gemetzels«

Schauspiel. Aus dem Französischen von Frank Heibert und Hinrich Schmidt-Henkel
96 S., gebunden, mit Fotos aus der Zürcher Uraufführung

ISBN 978-3-905707-15-1

Es gibt eine Brücke zu unseren über 100 anderen Büchern.

www.libelle.ch

Libelle Verlag, Postfach 10 05 24, D-78405 Konstanz

Hin und wieder lesen wir mit wachsender Begeisterung ein Buch aus einem anderen Verlagsprogramm und fragen uns: warum es dort in Vergessenheit geraten ist und nicht mehr nachgedruckt wird.

Auf diese Weise haben wir z. B. unseren inzwischen erfolgreichsten (und beglückendsten) Erzähler entdeckt: den Mongolei-Reisenden Fritz Mühlenweg (s. o. S. 221). Und so kam Nelly Dix mit ihren Neufassungen biblischer Geschichtenn (s. o. S. 222) in unser Programm.

Und so auch Ernst Peter Fischers Annäherung an Wolfgang Pauli, die Erkundungen jenes großen Physikers an den Grenzen des Denkens, seine beharrlichen Versuche, vorschnell abgetane oder nicht recht zur Kenntnis genommene Weltdeutungen (Kepler, 17. Jh., s. o. S. 133ff.; Schopenhauer, 19. Jh., s. o. S. 156f.) neu zu entziffern, auf verborgene Einsichten hin. Als der Text erstmals (bei Herder) erschien, gelangte das Echo der Rezensionen bis in die Auswahl von www.perlentaucher.de: *»Frankfurter Allgemeine Zeitung. Sehr angetan ist Achim Bahnen von diesem Buch über den Physiker Wolfgang Pauli …«*

Buchgestaltung: Phlox-Art
Umschlaggestaltung unter Verwendung eines Fotos von Wolfgang Pauli aus dem Jahr 1955 (© CERN, Genève)

Druck und Bindung: Pustet in Regensburg

ISBN 978-3-909081-44-8

4. Auflage 2022